李学峰 ◎ 主编

吊装方案设计

DIAOZHUANG FANGAN SHEJI

化学工业出版社

·北京·

内 容 简 介

本书聚焦国内石油化工行业常见装置，以 200 多台典型设备为例，介绍了每台设备的基本参数、吊装工艺、吊装方法、吊装机械配置、吊装索具设置、吊装步骤设计、吊装地基加固处理、设备本体加固等吊装方案设计的核心要点，为吊装方案设计提供了宝贵的工作建议。

本书由多位行业专家和实践经验丰富的专业技术人员共同编纂而成。内容上，最大限度地涵盖了石油化工行业常见装置典型设备的吊装方案设计；结构上，配置了丰富的图表和施工过程照片，真实展现了吊装方案执行的关键步骤，不仅内容丰富、数据翔实，还直观易懂，具有实用性强、指导性强的特点，可以为广大读者朋友提供良好借鉴，以应对同类型项目投标、技术策划和吊装方案设计时可能遇到的各种挑战，是一本不可多得的专业性指导类书籍。

本书适合 EPC 施工企业和专业吊装公司从事吊装工程管理的人员，包括项目领导、专业工程师、起重工和起重机械操作工等阅读使用，也可作为企业吊装作业管理人员和专业技术人员的培训教材。

图书在版编目（CIP）数据

吊装方案设计 / 李学峰主编. -- 北京 ：化学工业
出版社，2025. 6. -- ISBN 978-7-122-47968-6

Ⅰ. TE923

中国国家版本馆 CIP 数据核字第 2025A2K163 号

责任编辑：廉　静　　　　　　　　文字编辑：陈立璞
责任校对：李　爽　　　　　　　　装帧设计：王晓宇

出版发行：化学工业出版社
　　　　　（北京市东城区青年湖南街 13 号　邮政编码 100011）
印　　装：中煤（北京）印务有限公司
787mm×1092mm　1/16　印张 14½　字数 338 千字
2025 年 7 月北京第 1 版第 1 次印刷

购书咨询：010-64518888　　　　售后服务：010-64518899
网　　址：http://www.cip.com.cn
凡购买本书，如有缺损质量问题，本社销售中心负责调换。

定　　价：98.00 元　　　　　　　　版权所有　违者必究

编委会名单

主　　　编：李学峰

副 主 编：杨晓东　翟　浩　刘丙朋　缪拥军　包君胜　马辰飞

编委会成员：苟元兴　王晓伟　郑志勇　张泽海　闫贵云　景亚兵　田江龙　路　遥
　　　　　　韩永乾　张智炳　王旭东　邱继强　孙雨飞　薛运杰　何玉胜　杨怀平
　　　　　　李文成　赵洪敏　田展超　荆腾飞　轩诗贺　高建彪　郑　浩　刘化成
　　　　　　郭　瑞　孔振刚　刘　栋　寇　亮　刘　峰　杨正军　刘　建　余　剑

主　　　审：王存庭　张付光　周　宁

副　　　审：谭敬伟　万玉新　赵锦钢　夏　丙　刘军岐　田福兴

吊装行业是现代化建设的"隐形支柱",以技术+安全为核心,支撑重型工程高效实施,是为工程建设、设备安装、物流运输等提供重型设备和构件起重、搬运、定位服务的专业领域,具有高技术性和高风险性。编制吊装方案或审查吊装方案时,应始终坚持"好方案第一性原则"。那么什么是好方案第一性原则?编者认为,吊装作业的最大特点是危险性高,一旦失败将会带来重大人员伤亡和经济损失,在工作之前必须编制一个"安全、科学、经济、可行、严谨、规范"的好方案,从源头上防范和化解重大风险。

一个好的吊装方案在设计时,需要依据设备质量、结构尺寸、重心位置和安装环境,选择成熟的吊装工艺、确定科学的吊装方法、配置合适的吊装机械、制定详细的吊装步骤、设计精准的吊装参数,以及进行吊耳(吊盖)、钢丝绳、平衡梁、卸扣、设备本体加固和吊装地基加固等相关工作的设计。

本书就是遵循了这样的思想,以目前国内炼油化工行业常见装置的 200 多台典型设备为例,重点介绍了吊装方案设计的核心要点,对多年来吊装方案实施过程中积累的经验教训进行了系统性整理和归纳总结,从吊装工艺选择、吊装方法确定、吊装步骤设计、吊装地基加固处理等13 个维度提出了众多宝贵建议,并配置了具体案例。

本书共分上篇和下篇两部分,集众人之智汇编而成,内容翔实、逻辑严谨、数据准确、图文并茂,具有很强的指导性和参考价值,不仅可以为吊装单位进行同类型项目投标、技术策划和吊装方案设计提供良好借鉴,也可以为从事吊装工程管理的年轻技术人员快速成长提供帮助。

由于编者水平有限,书中难免有疏漏和不足之处,敬请广大读者朋友批评指正,提出宝贵建议。

李学峰

2024 年 12 月 26 日

于山东·龙口

目录
CONTENTS

上篇　吊装方案设计要点及案例

第1章　1600万 t/a 常减压蒸馏装置 ································· 002
1.1　典型设备介绍 ··· 002
1.2　吊装方案设计 ··· 002
　1.2.1　吊装工艺选择 ··· 002
　1.2.2　吊装参数设计 ··· 003
　1.2.3　吊耳及索具设置 ··· 004
1.3　施工掠影 ··· 006

第2章　1000万 t/a 常减压蒸馏装置 ································· 007
2.1　典型设备介绍 ··· 007
2.2　吊装方案设计 ··· 007
　2.2.1　吊装工艺选择 ··· 007
　2.2.2　吊装参数设计 ··· 008
　2.2.3　吊耳及索具设置 ··· 009
2.3　施工掠影 ··· 011

第3章　柴油加氢裂化装置 ··· 013
3.1　典型设备介绍 ··· 013
3.2　吊装方案设计 ··· 013
　3.2.1　吊装工艺选择 ··· 013
　3.2.2　吊装参数设计 ··· 014
　3.2.3　吊耳及索具设置 ··· 015
3.3　施工掠影 ··· 018

第4章　柴油加氢改质装置 ··· 019
4.1　典型设备介绍 ··· 019
4.2　吊装方案设计 ··· 019

4.2.1 吊装工艺选择 ……………………………………………………… 019

4.2.2 吊装参数设计 ……………………………………………………… 019

4.2.3 吊耳及索具设置 …………………………………………………… 020

4.3 施工掠影 ………………………………………………………………… 023

第5章 蜡油加氢装置 ………………………………………………………… 024

5.1 典型设备介绍 …………………………………………………………… 024

5.2 吊装方案设计 …………………………………………………………… 024

5.2.1 吊装工艺选择 ……………………………………………………… 024

5.2.2 吊装参数设计 ……………………………………………………… 024

5.2.3 吊耳及索具设置 …………………………………………………… 026

5.3 施工掠影 ………………………………………………………………… 028

第6章 柴蜡油加氢裂化装置 ……………………………………………… 029

6.1 典型设备介绍 …………………………………………………………… 029

6.2 吊装方案设计 …………………………………………………………… 029

6.2.1 吊装工艺选择 ……………………………………………………… 029

6.2.2 吊装参数设计 ……………………………………………………… 031

6.2.3 吊耳及索具设置 …………………………………………………… 031

6.3 施工掠影 ………………………………………………………………… 036

第7章 浆态床渣油加氢装置 ……………………………………………… 037

7.1 典型设备介绍 …………………………………………………………… 037

7.2 吊装方案设计 …………………………………………………………… 037

7.2.1 吊装工艺选择 ……………………………………………………… 037

7.2.2 吊装参数设计 ……………………………………………………… 038

7.2.3 吊耳及索具设置 …………………………………………………… 039

7.3 施工掠影 ………………………………………………………………… 042

第8章 渣油加氢处理装置 ………………………………………………… 043

8.1 典型设备介绍 …………………………………………………………… 043

8.2 吊装方案设计 …………………………………………………………… 043

8.2.1 吊装工艺选择 ……………………………………………………… 043

8.2.2 吊装参数设计 ……………………………………………………… 045

8.2.3 吊耳及索具设置 …………………………………………………… 045

8.3 施工掠影 ………………………………………………………………… 047

第9章 渣油制氢联合装置 ………………………………………………… 048

9.1 典型设备介绍 …………………………………………………………… 048

9.2 吊装方案设计 …………………………………………………………… 048

9.2.1 吊装工艺选择 ·· 048

9.2.2 吊装参数设计 ·· 048

9.2.3 吊耳及索具设置 ··· 050

9.3 施工掠影 ··· 053

第10章 催化裂化联合装置 ··· 054

10.1 典型设备介绍 ·· 054

10.2 吊装方案设计 ·· 054

10.2.1 吊装工艺选择 ··· 054

10.2.2 吊装参数设计 ··· 056

10.2.3 吊耳及索具设置 ·· 057

10.3 施工掠影 ··· 065

第11章 催化裂解联合装置 ··· 066

11.1 典型设备介绍 ·· 066

11.2 吊装方案设计 ·· 067

11.2.1 吊装工艺选择 ··· 067

11.2.2 吊装参数设计 ··· 069

11.2.3 吊耳及索具设置 ·· 071

11.3 施工掠影 ··· 086

第12章 芳烃过渡装置 ··· 088

12.1 典型设备介绍 ·· 088

12.2 吊装方案设计 ·· 088

12.2.1 吊装工艺选择 ··· 088

12.2.2 吊装参数设计 ··· 088

12.2.3 吊耳及索具设置 ·· 090

12.3 施工掠影 ··· 093

第13章 芳烃联合装置 ··· 094

13.1 典型设备介绍 ·· 094

13.2 吊装方案设计 ·· 094

13.2.1 吊装工艺选择 ··· 094

13.2.2 吊装参数设计 ··· 096

13.2.3 吊耳及索具设置 ·· 097

13.3 施工掠影 ··· 103

第14章 连续重整装置 ··· 104

14.1 典型设备介绍 ·· 104

14.2 吊装方案设计 ·· 104

14.2.1 吊装工艺选择 ·· 104

14.2.2 吊装参数设计 ·· 105

14.2.3 吊耳及索具设置 ··· 106

14.3 施工掠影 ··· 107

第15章 硫磺回收及尾气处理装置 ··· 109

15.1 典型设备介绍 ·· 109

15.2 吊装方案设计 ·· 109

15.2.1 吊装工艺选择 ·· 109

15.2.2 吊装参数设计 ·· 110

15.2.3 吊装索具设置 ·· 110

15.3 施工掠影 ··· 110

第16章 丙烯腈联合装置 ·· 111

16.1 典型设备介绍 ·· 111

16.2 吊装方案设计 ·· 111

16.2.1 吊装工艺选择 ·· 111

16.2.2 吊装参数设计 ·· 111

16.2.3 吊耳及索具设置 ··· 113

16.3 施工掠影 ··· 114

第17章 高密度聚乙烯装置 ··· 115

17.1 典型设备介绍 ·· 115

17.2 吊装方案设计 ·· 115

17.2.1 吊装工艺选择 ·· 115

17.2.2 吊装参数设计 ·· 115

17.2.3 吊耳及索具设置 ··· 115

17.3 施工掠影 ··· 117

第18章 丁二烯装置 ··· 118

18.1 典型设备介绍 ·· 118

18.2 吊装方案设计 ·· 118

18.2.1 吊装工艺选择 ·· 118

18.2.2 吊装参数设计 ·· 118

18.2.3 吊耳及索具设置 ··· 120

18.3 施工掠影 ··· 122

第19章 碳四联合装置 ·· 123

19.1 典型设备介绍 ·· 123

19.2 吊装方案设计 ·· 123

    19.2.1　吊装工艺选择 ·· 123

    19.2.2　吊装参数设计 ·· 123

    19.2.3　吊耳及索具设置 ·· 125

  19.3　施工掠影 ··· 127

第20章　环氧乙烷/乙二醇装置 ····································· 129

  20.1　典型设备介绍 ·· 129

  20.2　吊装方案设计 ·· 129

    20.2.1　吊装工艺选择 ·· 129

    20.2.2　吊装参数设计 ·· 130

    20.2.3　吊耳及索具设置 ·· 131

  20.3　施工掠影 ··· 137

第21章　乙苯/苯乙烯装置 ··· 139

  21.1　典型设备介绍 ·· 139

  21.2　吊装方案设计 ·· 139

    21.2.1　吊装工艺选择 ·· 139

    21.2.2　吊装参数设计 ·· 140

    21.2.3　吊耳及索具设置 ·· 141

  21.3　施工掠影 ··· 142

第22章　乙烯装置 ··· 143

  22.1　典型设备介绍 ·· 143

  22.2　吊装方案设计 ·· 143

    22.2.1　吊装工艺选择 ·· 143

    22.2.2　吊装参数设计 ·· 145

    22.2.3　吊耳及索具设置 ·· 146

  22.3　施工掠影 ··· 151

第23章　煤气化制氢联合装置 ····································· 153

  23.1　典型设备介绍 ·· 153

  23.2　吊装方案设计 ·· 153

    23.2.1　吊装工艺选择 ·· 153

    23.2.2　吊装参数设计 ·· 154

    23.2.3　吊耳及索具设置 ·· 155

  23.3　施工掠影 ··· 158

第24章　火炬设施 ··· 160

  24.1　典型设备介绍 ·· 160

  24.2　吊装方案设计 ·· 160

    24.2.1　吊装工艺选择 ·· 160
    24.2.2　吊装参数设计 ·· 161
    24.2.3　吊耳及索具设置 ·· 162
  24.3　施工掠影 ··· 163

第25章　空分装置 ·· 165
  25.1　典型设备介绍 ·· 165
  25.2　吊装方案设计 ·· 165
    25.2.1　吊装工艺选择 ·· 165
    25.2.2　吊装参数设计 ·· 165
    25.2.3　吊耳及索具设置 ·· 167
  25.3　施工掠影 ··· 168

下篇　吊装方案设计建议与实施案例

第26章　吊装工艺选择的建议与实施案例 ······························· 170
  26.1　吊装工艺选择的建议 ··· 170
  26.2　实施案例 ··· 171

第27章　吊装方法选择的建议与实施案例 ······························· 174
  27.1　吊装方法选择的建议 ··· 174
  27.2　实施案例 ··· 175

第28章　吊装组织程序制定的建议与实施案例 ·························· 177
  28.1　吊装组织程序制定的建议 ··· 177
  28.2　实施案例 ··· 177

第29章　吊装步骤设计的建议与实施案例 ······························· 179
  29.1　吊装步骤设计的建议 ··· 179
  29.2　实施案例 ··· 179

第30章　吊装参数确定的建议与实施案例 ······························· 189
  30.1　吊装参数确定的建议 ··· 189
  30.2　实施案例 ··· 189

第31章　吊耳设计的建议与实施案例 ··································· 191
  31.1　吊耳设计的建议 ·· 191
  31.2　实施案例 ··· 192

第32章　设备交付形式的建议与实施案例 ······························· 196
  32.1　设备交付形式的建议 ··· 196

32.2 实施案例 ·· 196

第33章 设备防变形加固的建议与实施案例 ······················· 200
33.1 设备防变形加固的建议 ··· 200
33.2 实施案例 ·· 202

第34章 设备交付计划的建议与实施案例 ·························· 203
34.1 设备交付计划的建议 ··· 203
34.2 实施案例 ·· 203

第35章 吊装机械资源配置的建议与实施案例 ·················· 205
35.1 吊装机械资源配置的建议 ··· 205
35.2 实施案例 ·· 205

第36章 吊装场地规划及预留的建议与实施案例 ··············· 207
36.1 吊装场地规划及预留的建议 ·· 207
36.2 实施案例 ·· 208

第37章 吊装地基加固处理的建议与实施案例 ·················· 209
37.1 吊装地基加固处理的建议 ··· 209
37.2 实施案例 ·· 210

第38章 吊装作业施工组织的建议与工程案例 ·················· 212
38.1 吊装作业施工组织的建议 ··· 212
38.2 实施案例 ·· 212

上篇

吊装方案设计
要点及案例

第1章   1600万t/a常减压蒸馏装置

第2章   1000万t/a常减压蒸馏装置

第3章   柴油加氢裂化装置

第4章   柴油加氢改质装置

第5章   蜡油加氢装置

第6章   柴蜡油加氢裂化装置

第7章   浆态床渣油加氢装置

第8章   渣油加氢处理装置

第9章   渣油制氢联合装置

第10章   催化裂化联合装置

第11章   催化裂解联合装置

第12章   芳烃过渡装置

第13章   芳烃联合装置

第14章   连续重整装置

第15章   硫磺回收及尾气处理装置

第16章   丙烯腈联合装置

第17章   高密度聚乙烯装置

第18章   丁二烯装置

第19章   碳四联合装置

第20章   环氧乙烷/乙二醇装置

第21章   乙苯/苯乙烯装置

第22章   乙烯装置

第23章   煤气化制氢联合装置

第24章   火炬设施

第25章   空分装置

第 1 章

1600万t/a常减压蒸馏装置

1.1 典型设备介绍

1600 万 t/a 常减压蒸馏装置有净质量大于等于 200t 的典型设备 6 台，其参数见表 1-1。

表 1-1 1600 万 t/a 常减压蒸馏装置典型设备参数

序号	设备名称	设备规格(直径×高)/mm×mm	安装标高/mm	设备本体质量/t	预焊件质量[①]/t	附属设施质量[②]/t	设备总质量[③]/t	数量/台
1	减压塔	$\phi 7400/\phi 14000 \times 58375$	19800	900.0	136.0	230.6	1266.6	1
2	常压塔	$\phi 8200/\phi 9800 \times 74150$	200	750.0	112.0	258.3	1120.3	1
3	初馏塔	$\phi 5000/\phi 7000 \times 53400$	200	280.0	9.0	90.7	379.7	1
4	脱丁烷塔	$\phi 2800/\phi 4200 \times 52500$	200	222.0	41.0	98.0	361.0	1
5	三级电脱盐罐	$\phi 5600 \times 34000$	1800	330.0			330.0	2

① 预焊件质量包括所有焊接在设备本体上的固定件、吊耳和加固支撑等的质量。

② 附属设施质量包括随设备一起吊装的吊盖式吊耳、紧固螺栓、附塔管线、梯子、平台、电气仪表、绝热、脚手架等附着设施的质量。

③ 设备总质量包括设备本体质量、预焊件质量和附属设施质量。

1.2 吊装方案设计

1.2.1 吊装工艺选择

针对该装置 6 台典型设备的参数、空间布置和现场施工资源总体配置计划，吊装方案设计时预计投入 XGC88000 型 4000t 级履带式起重机 1 台、LR11350 型 1350t 级履带式起重机 1 台、LR1400/2 型 400t 级履带式起重机 1 台完成所有吊装工作，吊装布局见图 1-1。

① 减压塔、常压塔采用 XGC88000 型 4000t 级履带式起重机主吊，LR11350 型 1350t 级履带式起重机抬尾，通过"单机提吊递送法"吊装；

② 初馏塔、脱丁烷塔采用 LR11350 型 1350t 级履带式起重机主吊，LR1400/2 型 400t 级履带式起重机抬尾，通过"单机提吊递送法"吊装；

③ 三级电脱盐罐采用 LR11350 型 1350t 级履带式起重机，通过"单机提吊法"吊装。

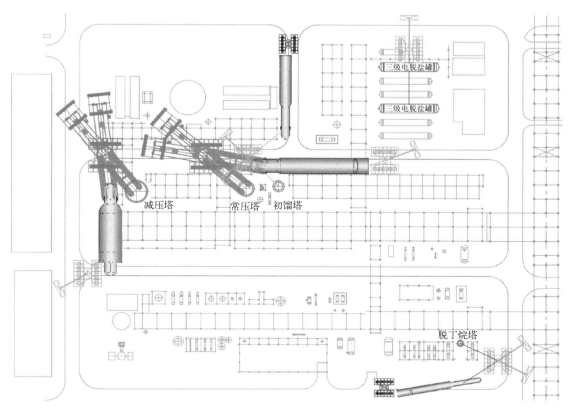

图 1-1　1600 万 t/a 常减压蒸馏装置吊装布局

1.2.2　吊装参数设计

根据选用的吊装工艺和起重机械的性能参数确定 6 台设备的吊装参数，见表 1-2。

表 1-2　1600 万 t/a 常减压蒸馏装置典型设备吊装参数

序号	设备名称	计算质量[①]/t	索具质量[②]/t	吊装质量[③]/t	主/副起重机吨级	臂杆长度/m	作业半径/m	额定载荷/t	最大负载率
1	减压塔	1266.6	226.3	1642.2	4000t	102+33	30.0	1930.0	85.09%
		742.0	37.2	857.1	1350t	54	16.0	878.6	97.56%
2	常压塔	1120.3	213.6	1467.0	4000t	102+33	32.0	1820.0	80.60%
		493.0	37.2	583.2	1350t	54	16.0	743.7	78.42%
3	初馏塔	379.7	43.7	466.1	1350t	84	26.0	508.0	91.75%
		184.3	10.3	214.1	400t	49	12.0	255.0	83.95%
4	脱丁烷塔	361.0	47.0	448.8	1350t	84	26.0	454.0	98.85%
		138.0	5.2	157.5	400t	49	10.0	167.0	94.32%
5	三级电脱盐罐	330.0	46.2	413.8	1350t	66	38.5	422.5	97.95%

① 计算质量是指在不考虑吊装索具及动载系数的影响下，依据设备总质量、主副吊点位置和设备重心位置，对主副吊车在整个吊装过程中最大受力的理论计算值。

② 索具质量包括平衡梁、卸扣、吊钩、吊车跑绳、钢丝绳等的质量。

③ 吊装质量是指根据吊装作业工艺，在计算质量的基础上考虑吊装动载荷、风载等综合影响系数后的质量，吊装质量＝(计算质量＋索具质量)×动载系数。动载系数一般为 1.1~1.5。特殊情况下，如果吊装地基平整、坚实，具有足够的承载力，吊装过程简单、操作平稳，经技术、安全等相关专业人员综合评估后在确保吊装作业安全的前提下，动载系数可以选取 1.0；如果吊装场地地质条件弱、吊装过程复杂，存在较大安全风险，动载系数可以大于 1.5。

1.2.3 吊耳及索具设置

（1）减压塔吊耳及索具设置

1600 万 t/a 常减压蒸馏装置减压塔主吊采用 1 对 AXC-700 型管轴式吊耳，设置在顶部管口向下 9500mm 处，方位为 138°和 318°；抬尾采用 2 个 AP-400 型板式吊耳，设置在裙座向上 1500mm 处，方位为 228°。1600 万 t/a 常减压蒸馏装置减压塔吊耳方位见图 1-2。

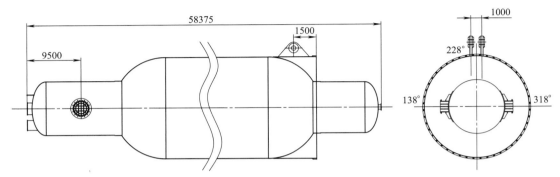

图 1-2　1600 万 t/a 常减压蒸馏装置减压塔吊耳方位

1600 万 t/a 常减压蒸馏装置减压塔主吊配备 1 根无弯矩平衡梁，吊钩与平衡梁之间采用 1 对 ϕ276mm×24m 的无接头钢丝绳绳圈连接，平衡梁与吊耳之间采用 1 对 ϕ276mm×36m 的无接头钢丝绳绳圈连接；抬尾采用 1 对 ϕ208mm×30m 的无接头钢丝绳绳圈，通过 2 个 500t 级卸扣与抬尾吊耳连接。

（2）常压塔吊耳及索具设置

1600 万 t/a 常减压蒸馏装置常压塔主吊采用 1 对 AXC-600 型管轴式吊耳，设置在顶部管口向下 11400mm 处，方位为 105°和 285°；抬尾采用 2 个 AP-300 型板式吊耳，设置在裙座向上 1650mm 处，方位为 195°。1600 万 t/a 常减压蒸馏装置常压塔吊耳方位见图 1-3。

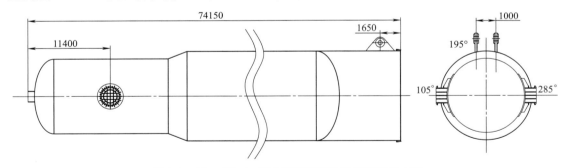

图 1-3　1600 万 t/a 常减压蒸馏装置常压塔吊耳方位

1600 万 t/a 常减压蒸馏装置常压塔主吊配备 1 根无弯矩平衡梁，吊钩与平衡梁之间采用 1 对 ϕ276mm×24m 的无接头钢丝绳绳圈连接，平衡梁与吊耳之间采用 1 对 ϕ276mm×36m 的无接头钢丝绳绳圈连接；抬尾采用 1 对 ϕ142mm×16m 的无接头钢丝绳绳圈，通过 2 个 500t 级卸扣与抬尾吊耳连接。

（3）初馏塔吊耳及索具设置

1600 万 t/a 常减压蒸馏装置初馏塔主吊采用 1 对 AXC-200 型管轴式吊耳，设置在顶部管口向下 3750mm 处，方位为 95°和 275°；抬尾采用 2 个 AP-100 型板式吊耳，设置在裙座向上 1800mm 处，方位为 185°。1600 万 t/a 常减压蒸馏装置初馏塔吊耳方位见图 1-4。

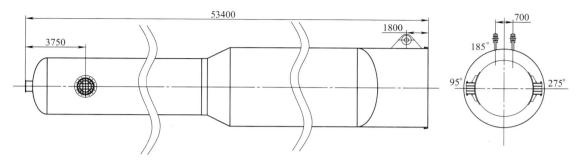

图 1-4　1600 万 t/a 常减压蒸馏装置初馏塔吊耳方位

1600 万 t/a 常减压蒸馏装置初馏塔主吊配备 1 根无弯矩平衡梁，吊钩与平衡梁之间采用 1 对 ϕ184mm×16m 的无接头钢丝绳绳圈连接，平衡梁与吊耳之间采用 1 对 ϕ160mm×24m 的无接头钢丝绳绳圈连接；抬尾采用 1 对 ϕ90mm×12m 的无接头钢丝绳绳圈，通过 2 个 150t 级卸扣与抬尾吊耳连接。

（4）脱丁烷塔吊耳及索具设置

1600 万 t/a 常减压蒸馏装置脱丁烷塔主吊采用 1 对 AXC-200 型管轴式吊耳，设置在顶部管口向下 12550mm 处，方位为 240°和 60°；抬尾采用 2 个 AP-75 型板式吊耳，设置在裙座向上 1500mm 处，方位为 330°。1600 万 t/a 常减压蒸馏装置脱丁烷塔吊耳方位见图 1-5。

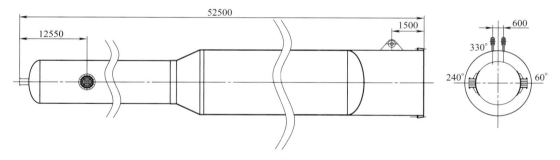

图 1-5　1600 万 t/a 常减压蒸馏装置脱丁烷塔吊耳方位

1600 万 t/a 常减压蒸馏装置脱丁烷塔主吊配备 1 根无弯矩平衡梁，吊钩与平衡梁之间采用 1 对 ϕ184mm×16m 的无接头钢丝绳绳圈连接，平衡梁与吊耳之间采用 1 对 ϕ160mm×32m 的无接头钢丝绳绳圈连接；抬尾采用 1 对 ϕ90mm×12m 的无接头钢丝绳绳圈，通过 2 个 120t 级卸扣与抬尾吊耳连接。

（5）三级电脱盐罐吊耳及索具设置

1600 万 t/a 常减压蒸馏装置三级电脱盐罐吊装时在罐体上设置 4 个 TP-100 型顶板式吊耳，其位置见图 1-6。

1600 万 t/a 常减压蒸馏装置三级电脱盐罐吊装时配备 1 根无弯矩平衡梁，吊钩与平衡梁之间采用 1 对 ϕ160mm×24m 的无接头钢丝绳绳圈连接，平衡梁与吊耳之间采用 1 对 ϕ82mm×12m 的钢丝绳和 4 个 120t 级卸扣连接。

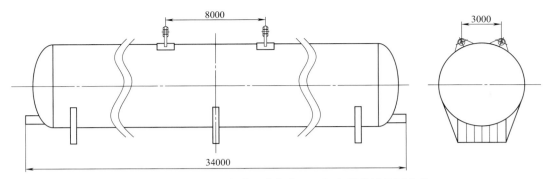

图 1-6　1600 万 t/a 常减压蒸馏装置三级电脱盐罐吊耳方位

1.3　施工掠影

1600 万 t/a 常减压蒸馏装置常压塔、减压塔、三级电脱盐罐吊装见图 1-7～图 1-9。

图 1-7　1600 万 t/a 常减压蒸馏装置常压塔吊装

图 1-8　1600 万 t/a 常减压蒸馏装置减压塔吊装

图 1-9　1600 万 t/a 常减压蒸馏装置三级电脱盐罐吊装

2.1 典型设备介绍

1000 万 t/a 常减压蒸馏装置有净质量大于等于 200t 的典型设备 8 台，其参数见表 2-1。

表 2-1 1000 万 t/a 常减压蒸馏装置典型设备参数

序号	设备名称	设备规格(直径× 高)/mm×mm	安装标高 /mm	设备本体 质量/t	预焊件 质量/t	附属设施 质量/t	设备总 质量/t	数量/台
1	减压塔	φ6600/φ11800/ φ7200×53735.5	21100	750.0	141.0	241.0	1132.0	1
2	常压塔	φ8600×67600	4100	620.0	185.0	248.5	1053.5	1
3	三级电脱盐罐	φ5800×59565	2950	455.0			455.0	1
4	二级电脱盐罐	φ5800×59565	2950	445.0			445.0	1
5	一级电脱盐罐	φ5800×59565	2950	445.0			445.0	1
6	脱丙烷塔	φ5200/φ3600×54200	200	226.7	12.0	79.1	317.8	1
7	稳定塔	φ4600/φ3400×52150	200	202.0	11.0	72.0	285.0	1
8	闪蒸塔	φ7200×29650	4100	203.0	14.0	65.0	282.0	1

2.2 吊装方案设计

2.2.1 吊装工艺选择

针对该装置 8 台典型设备的参数、空间布置和现场施工资源总体配置计划，吊装方案设计时预计投入 SCC40000A 型 4000t 级履带式起重机 1 台、XGC16000 型 1250t 级履带式起重机 1 台、SCC10000A 型 1000t 级履带式起重机 1 台、QUY650 型 650t 级履带式起重机 1 台、XGC500 型 500t 级履带式起重机 1 台、QUY260 型 260t 级履带式起重机 1 台完成所有吊装工作，吊装布局见图 2-1。

① 减压塔、常压塔采用 SCC40000A 型 4000t 级履带式起重机主吊，XGC16000 型 1250t 级履带式起重机、SCC10000A 型 1000t 级履带式起重机抬尾，通过"单机提吊递送法"吊装；

② 闪蒸塔、脱丙烷塔采用 SCC10000A 型 1000t 级履带式起重机主吊，QUY260 型 260t

级履带式起重机抬尾，通过"单机提吊递送法"吊装；

③ 稳定塔采用 QUY650 型 650t 级履带式起重机主吊，QUY260 型 260t 级履带式起重机抬尾，通过"单机提吊递送法"吊装；

④ 一级电脱盐罐、二级电脱盐罐、三级电脱盐罐均采用 QUY650 型 650t 级履带式起重机和 XGC500 型 500t 级履带式起重机，通过"双机抬吊法"吊装。

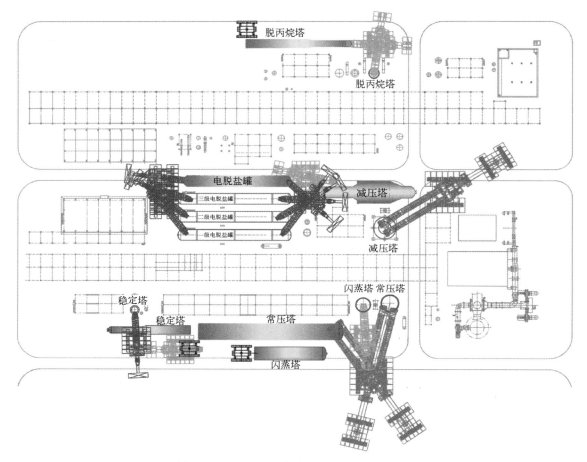

图 2-1　1000 万 t/a 常减压蒸馏装置吊装布局

2.2.2　吊装参数设计

根据选用的吊装工艺和起重机械的性能参数确定 8 台设备的吊装参数，见表 2-2。

表 2-2　1000 万 t/a 常减压蒸馏装置典型设备吊装参数

序号	设备名称	计算质量/t	索具质量/t	吊装质量/t	主/副起重机吨级	臂杆长度/m	作业半径/m	额定载荷/t	最大负载率
1	减压塔	1132.0	148.0	1408.0	4000t	114	48.0	1545.0	91.13%
		460.0	35.5	545.1	1250t	54	19.0	602.0	90.54%
2	常压塔	1053.5	148.0	1321.7	4000t	114	48.0	1545.0	85.54%
		520.0	25.0	599.5	1000t	78	14.0	661.0	90.70%

续表

序号	设备名称	计算质量/t	索具质量/t	吊装质量/t	主/副起重机吨级	臂杆长度/m	作业半径/m	额定载荷/t	最大负载率
3	三级电脱盐罐	223.0	11.0	257.4	650t	48	10.0	325.0	79.20%
		222.0	8.1	253.1	500t	48	9.0	346.0	73.15%
4	二级电脱盐罐	223.0	11.0	257.4	650t	48	10.0	325.0	79.20%
		222.0	8.1	253.1	500t	48	9.0	346.0	73.15%
5	一级电脱盐罐	223.0	11.0	257.4	650t	48	10.0	325.0	79.20%
		222.0	8.1	253.1	500t	48	9.0	346.0	73.15%
6	脱丙烷塔	317.8	35.5	388.6	1000t	78	18.0	576.0	67.47%
		170.2	7.0	194.9	260t	24	7.0	210.0	92.82%
7	稳定塔	285.0	15.0	330.0	650t	78	14.0	340.0	97.06%
		155.0	5.0	176.0	260t	24	6.6	183.2	96.07%
8	闪蒸塔	282.0	17.0	328.9	1000t	78	22.0	370.0	88.89%
		119.0	7.0	138.6	260t	24	7.0	210.0	66.00%

2.2.3　吊耳及索具设置

（1）常压塔吊耳及索具设置

1000 万 t/a 常减压蒸馏装置常压塔主吊采用 1 对 AXC-600 型管轴式吊耳，设置在上封头切线向下 2800mm 处，方位为 352.5°和 172.5°；抬尾采用 2 个 AP-300 型板式吊耳，设置在裙座处，方位为 82.5°。1000 万 t/a 常减压蒸馏装置常压塔吊耳方位见图 2-2。

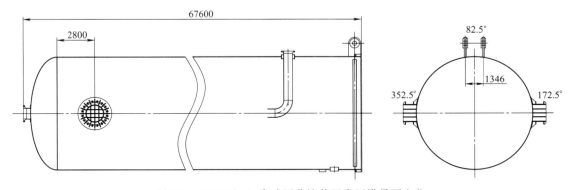

图 2-2　1000 万 t/a 常减压蒸馏装置常压塔吊耳方位

1000 万 t/a 常减压蒸馏装置常压塔主吊配备 1 根 SCC40000A 型 4000t 级履带式起重机专用平衡梁（与吊钩直连），平衡梁与吊耳之间采用 1 对 ϕ220mm×50m 的无接头钢丝绳绳圈连接；抬尾采用 1 对 ϕ135mm×50m 的钢丝绳（单根对折使用），通过 2 个 300t 级卸扣与抬尾吊耳连接。

（2）减压塔吊耳及索具设置

1000 万 t/a 常减压蒸馏装置减压塔主吊采用 1 对 AXC-600 型管轴式吊耳，设置在变径段切线向下 2100mm 处，方位为 240°和 60°；抬尾采用 4 个 AP-125 型板式吊耳，设置在裙座处，方位为 330°。1000 万 t/a 常减压蒸馏装置减压塔吊耳方位见图 2-3。

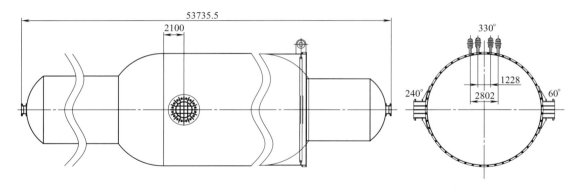

图 2-3　1000 万 t/a 常减压蒸馏装置减压塔吊耳方位

1000 万 t/a 常减压蒸馏装置减压塔主吊配备 1 根 SCC40000A 型 4000t 级履带式起重机专用平衡梁（与吊钩直连），平衡梁与吊耳之间采用 1 对 ϕ220mm×50m 的无接头钢丝绳绳圈连接；抬尾采用 1 对 ϕ135mm×50m 的钢丝绳（单根对折使用），通过 4 个 200t 级卸扣与抬尾吊耳连接。

（3）稳定塔吊耳及索具设置

1000 万 t/a 常减压蒸馏装置稳定塔主吊采用 1 对 AXC-150 型管轴式吊耳，设置在上封头切线向下 2500mm 处，方位为 297.5°和 117.5°；抬尾采用 2 个 AP-100 型板式吊耳，设置在裙座处，方位为 27.5°。1000 万 t/a 常减压蒸馏装置稳定塔吊耳方位见图 2-4。

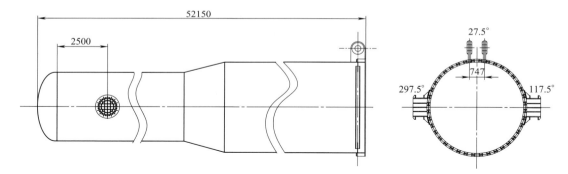

图 2-4　1000 万 t/a 常减压蒸馏装置稳定塔吊耳方位

1000 万 t/a 常减压蒸馏装置稳定塔主吊配备 1 根支撑式平衡梁，吊钩与吊耳之间采用 1 对 ϕ90mm×30m 的钢丝绳连接，吊钩与平衡梁之间采用 1 对 ϕ38mm×12m 的钢丝绳和 2 个 35t 级卸扣连接；抬尾采用 1 对 ϕ82mm×12m 的钢丝绳，通过 2 个 150t 级卸扣与抬尾吊耳连接。

（4）脱丙烷塔吊耳及索具设置

1000 万 t/a 常减压蒸馏装置脱丙烷塔主吊采用 1 对 AXC-175 型管轴式吊耳，设置在上封头切线向下 1500mm 处，方位为 153°和 333°；抬尾采用 2 个 AP-100 型板式吊耳，设置在裙座处，方位为 243°。1000 万 t/a 常减压蒸馏装置脱丙烷塔吊耳方位见图 2-5。

1000 万 t/a 常减压蒸馏装置脱丙烷塔主吊配备 1 根支撑式平衡梁，吊钩与吊耳之间采用 1 对 ϕ90mm×30m 的钢丝绳连接，吊钩与平衡梁之间采用 1 对 ϕ38mm×12m 的钢丝绳和 2 个 35t 级卸扣连接；抬尾采用 1 对 ϕ82mm×12m 的钢丝绳（单根对折使用），通过 2 个 150t 级卸扣与抬尾吊耳连接。

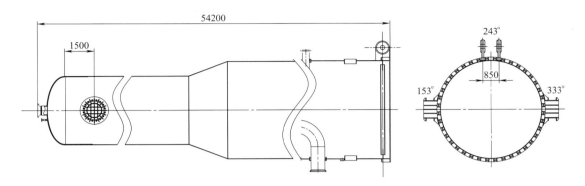

图 2-5　1000 万 t/a 常减压蒸馏装置脱丙烷塔吊耳方位

（5）闪蒸塔吊耳及索具设置

1000 万 t/a 常减压蒸馏装置闪蒸塔主吊采用 1 对 AXC-150 型管轴式吊耳，设置在上封头切线向下 750mm 处，方位为 240°和 60°；抬尾采用 2 个 AP-75 型板式吊耳，设置在裙座处，方位为 330°。1000 万 t/a 常减压蒸馏装置闪蒸塔吊耳方位见图 2-6。

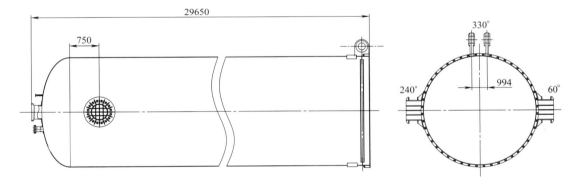

图 2-6　1000 万 t/a 常减压蒸馏装置闪蒸塔吊耳方位

1000 万 t/a 常减压蒸馏装置闪蒸塔主吊配备 1 根支撑式平衡梁，吊钩与吊耳之间采用 1 对 ϕ90mm×30m 的钢丝绳连接，吊钩与平衡梁之间采用 1 对 ϕ38mm×12m 的钢丝绳和 2 个 35t 级卸扣连接；抬尾采用 1 对 ϕ82mm×12m 的钢丝绳（单根对折使用），通过 2 个 120t 级卸扣与抬尾吊耳连接。

（6）一级电脱盐罐、二级电脱盐罐、三级电脱盐罐索具设置

1000 万 t/a 常减压蒸馏装置电脱盐罐吊装时不设置吊耳，采用"兜挂法"，即 2 台起重机都采用 1 对 ϕ135mm×50m 的压制钢丝绳兜挂设备两端。

2.3　施工掠影

1000 万 t/a 常减压蒸馏装置电脱盐罐双机抬吊见图 2-7，1000 万 t/a 常减压蒸馏装置常压塔、减压塔吊装见图 2-8、图 2-9。

图 2-7　1000 万 t/a 常减压蒸馏装置电脱盐罐双机抬吊

图 2-8　1000 万 t/a 常减压蒸馏装置常压塔吊装

图 2-9　1000 万 t/a 常减压蒸馏装置减压塔吊装

第3章

柴油加氢裂化装置

3.1 典型设备介绍

360 万 t/a 柴油加氢裂化装置有净质量大于等于 200t 的典型设备 8 台，其参数见表 3-1。

表 3-1   360 万 t/a 柴油加氢裂化装置典型设备参数

序号	设备名称	设备规格(直径×高)/mm×mm	安装标高/mm	设备本体质量/t	预焊件质量/t	附属设施质量/t	设备总质量/t	数量/台
1	加氢裂化反应器	φ5000×33218	200	765.0	2.5	7.5	775.0	1
2	加氢精制反应器	φ5000×31588	200	750.0	2.5	7.5	760.0	1
3	热高压分离器	φ5400×19556	200	511.0	2.3	4.2	517.5	1
4	产品分馏塔	φ7200/φ6200×56050	200	300.0	27.0	97.0	424.0	1
5	冷高压分离器	φ4200×19486	200	360.0	0.7	3.4	364.1	1
6	脱丁烷塔	φ4600/φ4200×50390	200	238.0	12.0	50.0	300.0	1
7	循环氢脱硫塔	φ3000×23600	200	251.0	0.7	3.4	255.1	1
8	循环氢压缩机入口分液罐	φ4000×13250	200	221.0	0.7	3.4	225.1	1

3.2 吊装方案设计

3.2.1 吊装工艺选择

针对该装置 8 台典型设备的参数、空间布置和现场施工资源总体配置计划，吊装方案设计时预计投入 SCC98000 型 4500t 级履带式起重机 1 台、SCC10000A 型 1000t 级履带式起重机 1 台、QUY650 型 650t 级履带式起重机 1 台、XGC500 型 500t 级履带式起重机 1 台、QUY260 型 260t 级履带式起重机 1 台完成所有吊装工作，吊装布局见图 3-1。

① 加氢裂化反应器、加氢精制反应器采用 SCC98000 型 4500t 级履带式起重机主吊，SCC10000A 型 1000t 级履带式起重机抬尾，通过"单机提吊递送法"吊装；

② 产品分馏塔、脱丁烷塔、热高压分离器、循环氢脱硫塔、冷高压分离器、循环氢压缩机入口分液罐采用 SCC10000A 型 1000t 级履带式起重机主吊，QUY650 型 650t 级履带式

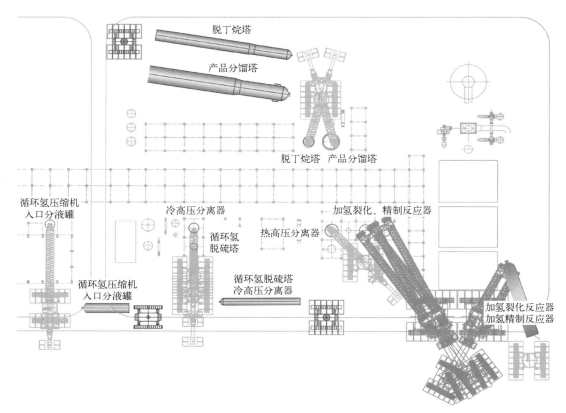

图 3-1　360 万 t/a 柴油加氢裂化装置吊装布局

起重机、XGC500 型 500t 级履带式起重机、QUY260 型 260t 级履带式起重机抬尾，通过"单机提吊递送法"吊装。

3.2.2　吊装参数设计

根据选用的吊装工艺和起重机械的性能参数确定 8 台设备的吊装参数，见表 3-2。

表 3-2　360 万 t/a 柴油加氢裂化装置典型设备吊装参数

序号	设备名称	计算质量 /t	索具质量 /t	吊装质量 /t	主/副起重机吨级	臂杆长度 /m	作业半径 /m	额定载荷 /t	最大负载率
1	加氢裂化反应器	775.0	110.0	973.5	4500t	72	51.0	1473.0	66.09%
		403.5	35.3	482.7	1000t	48	8.0	618.0	78.10%
2	加氢精制反应器	760.0	110.0	957.0	4500t	72	46.0	1691.0	56.59%
		377.0	35.3	453.5	1000t	48	8.0	618.0	73.39%
3	热高压分离器	517.5	31.0	603.4	1000t	78	17.0	791.0	76.28%
		264.7	16.1	308.9	500t	42	10.0	375.0	82.37%
4	产品分馏塔	424.0	18.0	486.2	1000t	78	20.0	512.0	94.96%
		213.0	10.0	245.3	500t	60	16.0	257.0	95.45%
5	冷高压分离器	364.1	18.0	420.3	1000t	78	24.0	432.0	97.29%
		180.0	11.8	211.0	500t	48	10.0	305.0	69.17%

序号	设备名称	计算质量 /t	索具质量 /t	吊装质量 /t	主/副起重机吨级	臂杆长度 /m	作业半径 /m	额定载荷 /t	最大负载率
6	脱丁烷塔	300.0	22.0	354.2	1000t	78	17.0	512.0	69.18%
		166.0	10.0	193.6	260t	24	7.0	210.0	92.19%
7	循环氢脱硫塔	255.1	12.0	293.8	1000t	48	17.0	302.0	97.29%
		136.2	10.0	160.8	650t	72	14.0	199.0	80.79%
8	循环氢压缩机入口分液罐	225.1	18.0	267.4	1000t	78	34.0	272.0	98.31%
		111.0	5.0	127.6	260t	24	7.0	210.0	60.76%

3.2.3 吊耳及索具设置

（1）加氢裂化反应器吊耳及索具设置

360 万 t/a 柴油加氢裂化装置加氢裂化反应器主吊采用 1 个 DG-800 型吊盖式吊耳，与顶部法兰口连接；抬尾采用 2 个 AP-250 型板式吊耳，设置在裙座处，方位为 0°。360 万 t/a 柴油加氢裂化装置加氢裂化反应器吊耳方位见图 3-2。

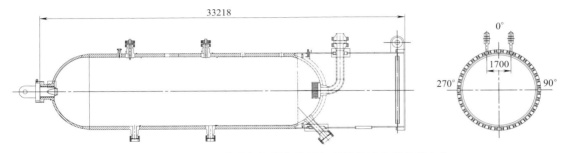

图 3-2　360 万 t/a 柴油加氢裂化装置加氢裂化反应器吊耳方位

360 万 t/a 柴油加氢裂化装置加氢裂化反应器主吊采用 1 对 ϕ180mm×16m 的压制钢丝绳（单根对折使用），通过 1 个 1000t 级卸扣与主吊耳连接；抬尾采用 1 对 ϕ120mm×26m 的钢丝绳（单根对折使用），通过 2 个 300t 级卸扣与抬尾吊耳连接。

（2）加氢精制反应器吊耳及索具设置

360 万 t/a 柴油加氢裂化装置加氢精制反应器主吊采用 1 个 DG-800 型吊盖式吊耳，与顶部法兰口连接；抬尾采用 2 个 AP-200 型板式吊耳，设置在裙座处，方位为 0°。360 万 t/a 柴油加氢裂化装置加氢精制反应器吊耳方位见图 3-3。

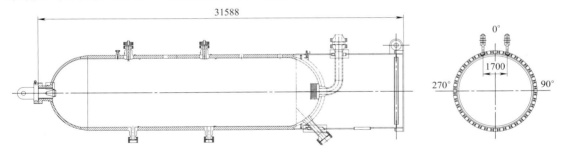

图 3-3　360 万 t/a 柴油加氢裂化装置加氢精制反应器吊耳方位

360 万 t/a 柴油加氢裂化装置加氢精制反应器主吊采用 1 对 $\phi180mm \times 16m$ 的压制钢丝绳（单根对折使用），通过 1 个 1000t 级卸扣与主吊耳连接；抬尾采用 1 对 $\phi120mm \times 26m$ 的钢丝绳（单根对折使用），通过 2 个 300t 级卸扣与抬尾吊耳连接。

（3）热高压分离器吊耳及索具设置

360 万 t/a 柴油加氢裂化装置热高压分离器主吊采用 1 个 DG-600 型吊盖式吊耳，与顶部法兰口连接；抬尾采用 2 个 AP-150 型板式吊耳，设置在裙座处，方位为 270°。360 万 t/a 柴油加氢裂化装置热高压分离器吊耳方位见图 3-4。

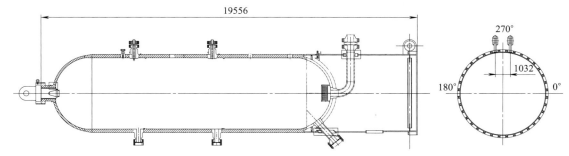

图 3-4　360 万 t/a 柴油加氢裂化装置热高压分离器吊耳方位

360 万 t/a 柴油加氢裂化装置热高压分离器主吊采用 1 对 $\phi130mm \times 12m$ 的压制钢丝绳，通过 1 个 800t 级卸扣与主吊耳连接；抬尾采用 1 对 $\phi90mm \times 20m$ 的钢丝绳（单根对折使用），通过 2 个 150t 级卸扣与抬尾吊耳连接。

（4）产品分馏塔吊耳及索具设置

360 万 t/a 柴油加氢裂化装置产品分馏塔主吊采用 1 对 AXC-225 型管轴式吊耳，设置在上封头切线向下 1660mm 处，方位为 69.35°和 249.35°；抬尾采用 2 个 AP-125 型板式吊耳，设置在裙座处，方位为 159.35°。360 万 t/a 柴油加氢裂化装置产品分馏塔吊耳方位见图 3-5。

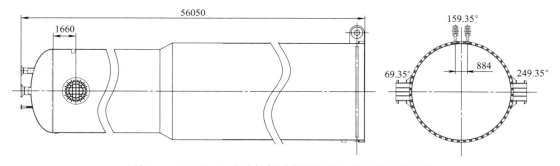

图 3-5　360 万 t/a 柴油加氢裂化装置产品分馏塔吊耳方位

360 万 t/a 柴油加氢裂化装置产品分馏塔主吊配备 1 根支撑式平衡梁，吊钩与吊耳之间采用 1 对 $\phi120mm \times 26m$ 的钢丝绳连接，吊钩与平衡梁之间采用 1 对 $\phi38mm \times 12m$ 的钢丝绳和 2 个 35t 级卸扣连接；抬尾采用 1 对 $\phi90mm \times 20m$ 的钢丝绳（单根对折使用），通过 2 个 200t 级卸扣与抬尾吊耳连接。

（5）冷高压分离器吊耳及索具设置

360 万 t/a 柴油加氢裂化装置冷高压分离器主吊采用 1 个 DG-400 型吊盖式吊耳，与顶部法兰口连接；抬尾采用 2 个 AP-100 型板式吊耳，设置在裙座处，方位为 0°。360 万 t/a 柴油加氢裂化装置冷高压分离器吊耳方位见图 3-6。

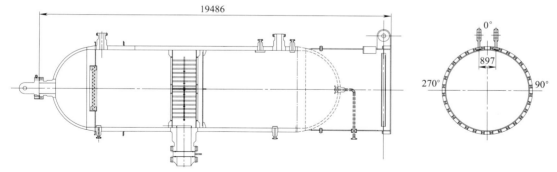

图 3-6　360 万 t/a 柴油加氢裂化装置冷高压分离器吊耳方位

360 万 t/a 柴油加氢裂化装置冷高压分离器主吊采用 1 对 φ130mm×12m 的压制钢丝绳，通过 1 个 500t 级卸扣与主吊耳连接；抬尾采用 1 对 φ90mm×20m 的钢丝绳（单根对折使用），通过 2 个 150t 级卸扣与抬尾吊耳连接。

（6）脱丁烷塔吊耳及索具设置

360 万 t/a 柴油加氢裂化装置脱丁烷塔主吊采用 1 对 AXC-175 型管轴式吊耳，设置在上封头切线向下 2000mm 处，方位为 111° 和 291°；抬尾采用 2 个 AP-100 型板式吊耳，设置在裙座处，方位为 201°。360 万 t/a 柴油加氢裂化装置脱丁烷塔吊耳方位见图 3-7。

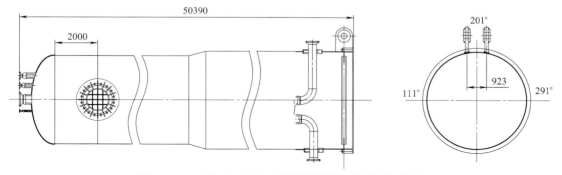

图 3-7　360 万 t/a 柴油加氢裂化装置脱丁烷塔吊耳方位

360 万 t/a 柴油加氢裂化装置脱丁烷塔主吊配备 1 根支撑式平衡梁，吊钩与吊耳之间采用 1 对 φ120mm×26m 的钢丝绳连接，吊钩与平衡梁之间采用 1 对 φ38mm×12m 的钢丝绳和 2 个 35t 级卸扣连接；抬尾采用 1 对 φ90mm×20m 的钢丝绳（单根对折使用），通过 2 个 150t 级卸扣与抬尾吊耳连接。

（7）循环氢脱硫塔吊耳及索具设置

360 万 t/a 柴油加氢裂化装置循环氢脱硫塔主吊采用 1 个 DG-300 型吊盖式吊耳，与顶部法兰口连接；抬尾采用 2 个 AP-75 型板式吊耳，设置在裙座处，方位为 0°。360 万 t/a 柴油加氢裂化装置循环氢脱硫塔吊耳方位见图 3-8。

360 万 t/a 柴油加氢裂化装置循环氢脱硫塔主吊采用 1 对 φ130mm×12m 的压制钢丝绳，通过 1 个 400t 级卸扣与主吊耳连接；抬尾采用 1 对 φ90mm×20m 的钢丝绳（单根对折使用），通过 2 个 120t 级卸扣与抬尾吊耳连接。

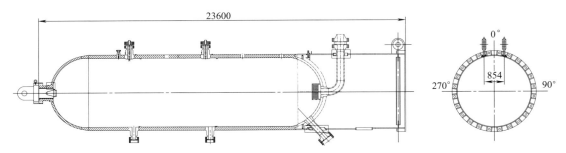

图 3-8　360 万 t/a 柴油加氢裂化装置循环氢脱硫塔吊耳方位

（8）循环氢压缩机入口分液罐吊耳及索具设置

360 万 t/a 柴油加氢裂化装置循环氢压缩机入口分液罐主吊耳采用 1 个 DG-250 型吊盖式吊耳，与顶部法兰口连接；抬尾采用 2 个 AP-75 型板式吊耳，设置在裙座处，方位为 0°。360 万 t/a 柴油加氢裂化装置循环氢压缩机入口分液罐吊耳方位见图 3-9。

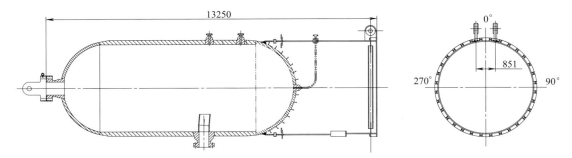

图 3-9　360 万 t/a 柴油加氢裂化装置循环氢压缩机入口分液罐吊耳方位

360 万 t/a 柴油加氢裂化装置循环氢压缩机入口分液罐主吊采用 1 对 ϕ130mm×12m 的压制钢丝绳，通过 1 个 400t 级卸扣与主吊耳连接；抬尾采用 1 对 ϕ90mm×20m 的钢丝绳（单根对折使用），通过 2 个 120t 级卸扣与抬尾吊耳连接。

3.3　施工掠影

360 万 t/a 柴油加氢裂化装置加氢精制反应器吊装见图 3-10。

图 3-10　360 万 t/a 柴油加氢裂化装置加氢精制反应器吊装

第**4**章

柴油加氢改质装置

4.1 典型设备介绍

340 万 t/a 柴油加氢改质装置有净质量大于等于 200t 的典型设备 5 台，其参数见表 4-1。

表 4-1 340 万 t/a 柴油加氢改质装置典型设备参数

序号	设备名称	设备规格(直径×高)/mm×mm	安装标高/mm	设备本体质量/t	预焊件质量/t	附属设施质量/t	设备总质量/t	数量/台
1	加氢改质反应器	ϕ5000×31380	200	755.0	2.2	10.0	767.2	1
2	加氢精制反应器	ϕ5000×30650	200	713.7	2.2	10.0	725.9	1
3	循环氢脱硫塔入口分液罐/循环氢脱硫塔	ϕ3600×30690	200	360.0	1.0	3.2	364.2	1
4	热高压分离器	ϕ5200×15414	200	320.0	1.0	3.2	324.2	1
5	反应流出物/混合进料换热器	ϕ1800/ϕ4600/ϕ1800×17200	20000	232.0		6.6	238.6	1

4.2 吊装方案设计

4.2.1 吊装工艺选择

针对该装置 5 台典型设备的参数、空间布置和现场施工资源总体配置计划，吊装方案设计时预计投入 SCC10000A 型 1000t 级履带式起重机 1 台、QUY650 型 650t 级履带式起重机 1 台、XGC500 型 500t 级履带式起重机 1 台、QUY260 型 260t 级履带式起重机 1 台完成所有吊装工作，吊装布局见图 4-1。

① 加氢改质反应器、加氢精制反应器、热高压分离器、反应流出物/混合进料换热器采用 SCC10000A 型 1000t 级履带式起重机主吊，XGC500 型 500t 级履带式起重机、QUY260 型 260t 级履带式起重机抬尾，通过"单机提吊递送法"吊装；

② 循环氢脱硫塔入口分液罐/循环氢脱硫塔采用 QUY650 型 650t 级履带式起重机主吊，QUY260 型 260t 级履带式起重机抬尾，通过"单机提吊递送法"吊装。

4.2.2 吊装参数设计

根据选用的吊装工艺和起重机械的性能参数确定 5 台设备的吊装参数，见表 4-2。

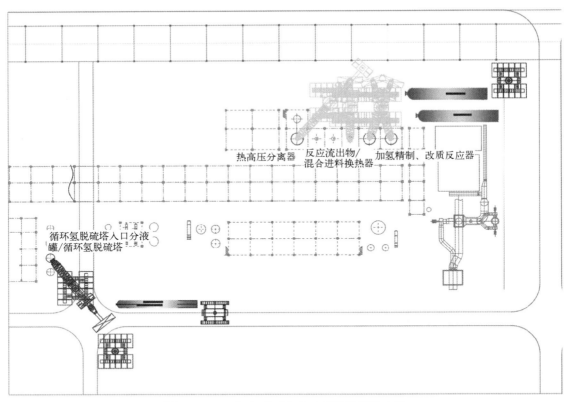

图 4-1　340 万 t/a 柴油加氢改质装置吊装布局

表 4-2　340 万 t/a 柴油加氢改质装置典型设备吊装参数

序号	设备名称	计算质量/t	索具质量/t	吊装质量/t	主/副起重机吨级	臂杆长度/m	作业半径/m	额定载荷/t	最大负载率
1	加氢改质反应器	767.2	25.3	871.8	1000t	48	13.0	964.0	90.43%
		355.7	16.1	409.0	500t	36	13.0	424.0	96.46%
2	加氢精制反应器	725.9	25.3	826.3	1000t	48	13.0	964.0	85.72%
		359.0	16.1	412.6	500t	36	13.0	424.0	97.31%
3	循环氢脱硫塔入口分液罐/循环氢脱硫塔	364.2	18.0	420.4	650t	48	13.0	493.0	85.28%
		185.0	8.0	212.3	260t	24	5.0	217.2	97.74%
4	热高压分离器	324.2	18.0	376.4	1000t	48	21.0	543.0	69.31%
		160.2	16.1	193.9	500t	42	10.0	305.0	63.58%
5	反应流出物/混合进料换热器	238.6	18.0	282.3	1000t	78	15.0	300.0	94.09%
		151.0	5.0	171.6	260t	24	7.0	210.0	81.71%

4.2.3　吊耳及索具设置

（1）加氢改质反应器吊耳及索具设置

340 万 t/a 柴油加氢改质装置加氢改质反应器主吊采用 1 个 DG-800 型吊盖式吊耳，与顶部法兰口连接；抬尾采用 2 个 AP-200 型板式吊耳，设置在裙座处，方位为 0°。340 万 t/a

柴油加氢改质装置加氢改质反应器吊耳方位见图 4-2。

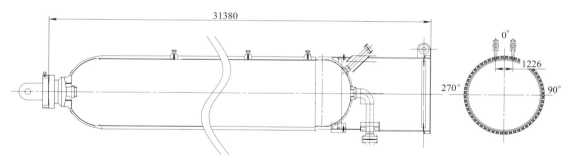

图 4-2　340 万 t/a 柴油加氢改质装置加氢改质反应器吊耳方位

340 万 t/a 柴油加氢改质装置加氢改质反应器主吊采用 1 对 φ180mm×16m 的压制钢丝绳（单根对折使用），通过 1 个 1000t 级卸扣与主吊耳连接；抬尾采用 1 对 φ120mm×26m 的钢丝绳（单根对折使用），通过 2 个 300t 级卸扣与抬尾吊耳连接。

（2）加氢精制反应器吊耳及索具设置

340 万 t/a 柴油加氢改质装置加氢精制反应器主吊采用 1 个 DG-800 型吊盖式吊耳，与顶部法兰口连接；抬尾采用 2 个 AP-200 型板式吊耳，设置在裙座处，方位为 0°。340 万 t/a 柴油加氢改质装置加氢精制反应器吊耳方位见图 4-3。

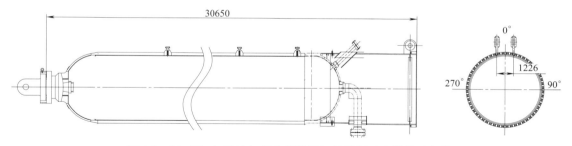

图 4-3　340 万 t/a 柴油加氢改质装置加氢精制反应器吊耳方位

340 万 t/a 柴油加氢改质装置加氢精制反应器主吊采用 1 对 φ180mm×16m 的压制钢丝绳（单根对折使用），通过 1 个 1000t 级卸扣与主吊耳连接；抬尾采用 1 对 φ120mm×26m 的钢丝绳（单根对折使用），通过 2 个 300t 级卸扣与抬尾吊耳连接。

（3）热高压分离器吊耳及索具设置

340 万 t/a 柴油加氢改质装置热高压分离器主吊采用 1 个 DG-350 型吊盖式吊耳，与顶部法兰口连接；抬尾采用 2 个 AP-100 型板式吊耳，设置在裙座处，方位为 315°。340 万 t/a 柴油加氢改质装置热高压分离器吊耳方位见图 4-4。

340 万 t/a 柴油加氢改质装置热高压分离器主吊采用 1 对 φ130mm×12m 的压制钢丝绳，通过 1 个 400t 级卸扣与主吊耳连接；抬尾采用 1 对 φ90mm×20m 的钢丝绳（单根对折使用），通过 2 个 150t 级卸扣与抬尾吊耳连接。

（4）循环氢脱硫塔入口分液罐/循环氢脱硫塔吊耳及索具设置

340 万 t/a 柴油加氢改质装置循环氢脱硫塔入口分液罐/循环氢脱硫塔主吊采用 1 个 DG-500 型吊盖式吊耳，与顶部法兰口连接；抬尾利用 2 个 AP-100 型板式吊耳，设置在裙座处，

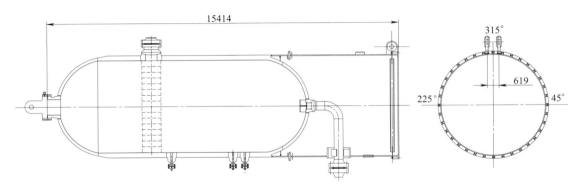

图 4-4　340 万 t/a 柴油加氢改质装置热高压分离器吊耳方位

方位为 0°。340 万 t/a 柴油加氢改质装置循环氢脱硫塔入口分液罐/循环氢脱硫塔吊耳方位见图 4-5。

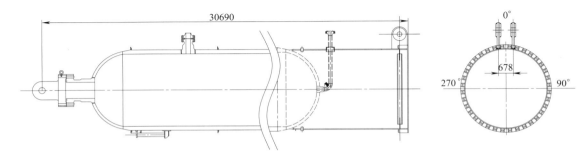

图 4-5　340 万 t/a 柴油加氢改质装置循环氢脱硫塔入口分液罐/循环氢脱硫塔吊耳方位

340 万 t/a 柴油加氢改质装置循环氢脱硫塔入口分液罐/循环氢脱硫塔主吊采用 1 对 ϕ130mm×12m 的压制钢丝绳，通过 1 个 500t 级卸扣与主吊耳连接；抬尾采用 1 对 ϕ90mm×20m 的钢丝绳（单根对折使用），通过 2 个 150t 级卸扣与抬尾吊耳连接。

（5）反应流出物/混合进料换热器吊耳及索具设置

340 万 t/a 柴油加氢改质装置反应流出物/混合进料换热器主吊采用 1 个 DG-250 型吊盖式吊耳，与顶部法兰口连接；抬尾采用 1 个 DG-100 型吊盖式吊耳，与底部法兰口连接。340 万 t/a 柴油加氢改质装置反应流出物/混合进料换热器吊耳方位见图 4-6。

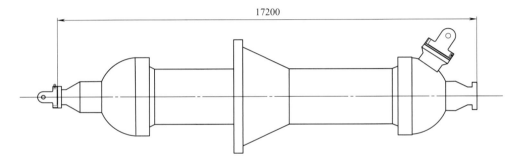

图 4-6　340 万 t/a 柴油加氢改质装置反应流出物/混合进料换热器吊耳方位

340 万 t/a 柴油加氢改质装置反应流出物/混合进料换热器主吊采用 1 对 $\phi130mm \times 12m$ 的压制钢丝绳，通过 1 个 300t 级卸扣与主吊耳连接；抬尾采用 1 对 $\phi90mm \times 20m$ 的钢丝绳，通过 1 个 200t 级卸扣与抬尾吊耳连接。

4.3　施工掠影

340 万 t/a 柴油加氢改质装置加氢改制反应器、反应流出物/混合进料换热器吊装见图 4-7、图 4-8。

图 4-7　340 万 t/a 柴油加氢改质装置
加氢改制反应器吊装

图 4-8　340 万 t/a 柴油加氢改质装置反应
流出物/混合进料换热器吊装

第**5**章

蜡油加氢装置

5.1 典型设备介绍

200 万 t/a 蜡油加氢装置有净质量等于大于 200t 的典型设备 4 台，其参数见表 5-1。

表 5-1　200 万 t/a 蜡油加氢装置典型设备参数

序号	设备名称	设备规格(直径×高)/mm×mm	安装标高/mm	设备本体质量/t	预焊件质量/t	附属设施质量/t	设备总质量/t	数量/台
1	加氢精制反应器	$\phi 4200 \times 29617$	200	734.4	2.9	8.0	745.3	1
2	加氢裂化反应器	$\phi 4200 \times 29617$	200	652.3	2.9	8.0	663.2	1
3	热高压分离器	$\phi 3600 \times 15335$	200	257.0	1.2	6.7	264.9	1
4	循环氢脱硫塔	$\phi 2400 \times 24970$	200	245.0	0.8	4.2	250.0	1

5.2 吊装方案设计

5.2.1 吊装工艺选择

　　针对该装置 4 台典型设备的参数、空间布置和现场施工资源总体配置计划，吊装方案设计时预计投入 ZCC18000 型 1600t 级履带式起重机 1 台、QUY650 型 650t 级履带式起重机 1 台、XGC12000 型 800t 级履带式起重机 1 台、QUY280 型 280t 级履带式起重机 1 台完成所有吊装工作，吊装布局见图 5-1。

　　① 加氢裂化反应器、加氢精制反应器采用 ZCC18000 型 1600t 级履带式起重机主吊，QUY650 型 650t 级履带式起重机抬尾，通过"单机提吊递送法"吊装；

　　② 热高压分离器、循环氢脱硫塔采用 XGC12000 型 800t 级履带式起重机主吊，QUY280 型 280t 级履带式起重机抬尾，通过"单机提吊递送法"吊装。

5.2.2 吊装参数设计

　　根据选用的吊装工艺和起重机械的性能参数确定 4 台设备的吊装参数，见表 5-2。

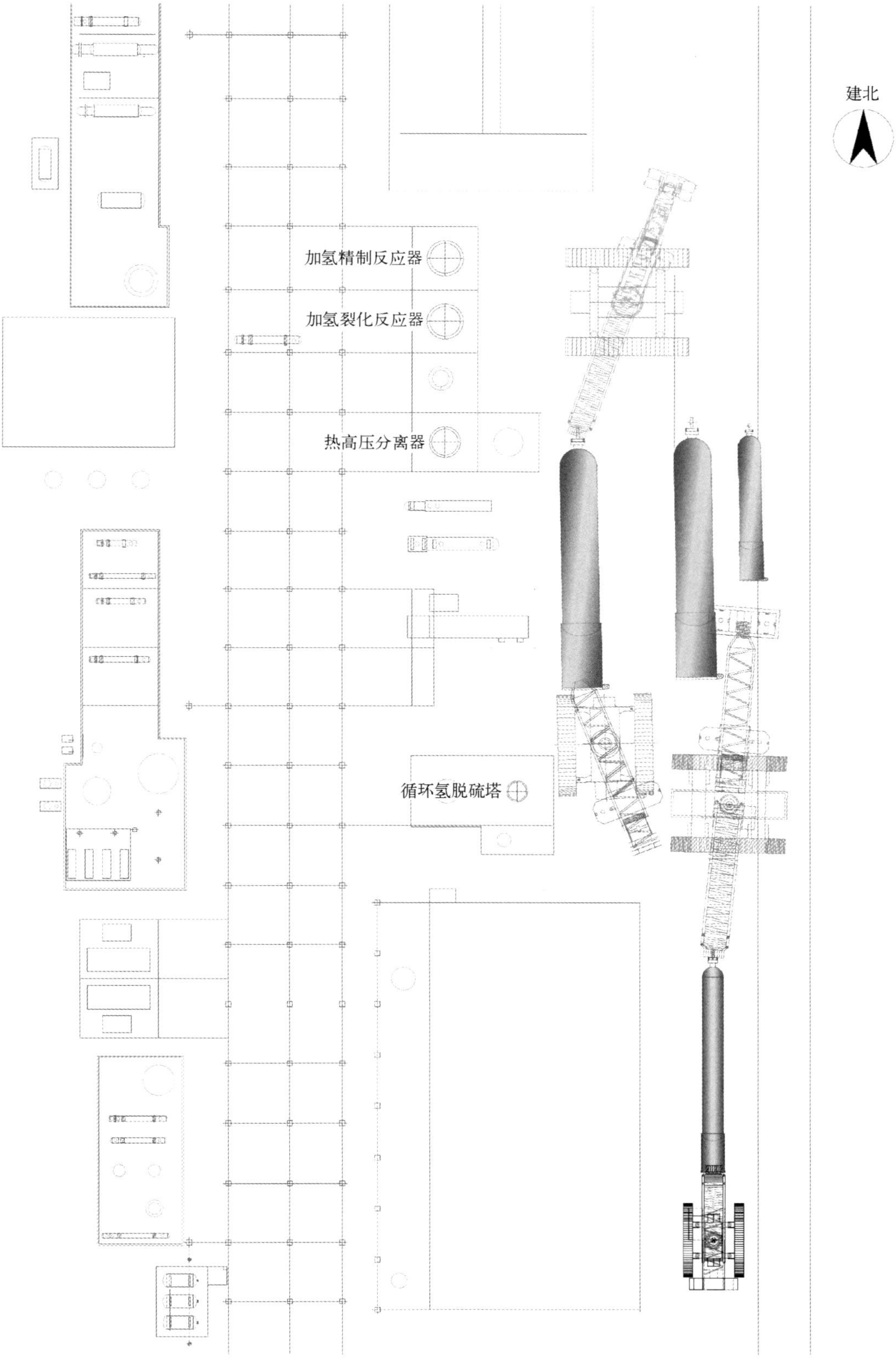

加氢精制反应器

加氢裂化反应器

热高压分离器

循环氢脱硫塔

建北

图 5-1　200 万 t/a 蜡油加氢装置吊装布局

表 5-2　200 万 t/a 蜡油加氢装置典型设备吊装参数

序号	设备名称	计算质量/t	索具质量/t	吊装质量/t	主/副起重机吨级	臂杆长度/m	作业半径/m	额定载荷/t	最大负载率
1	加氢精制反应器	745.3	33.1	856.2	1600t	54	16.0	965.0	88.72%
		381.0	15.8	436.5	650t	42	8.0	461.0	94.68%
2	加氢裂化反应器	663.2	33.1	765.9	1600t	54	16.0	852.0	89.89%
		320.6	17.8	372.2	650t	42	9.0	422.1	88.19%
3	热高压分离器	264.9	14.1	306.9	800t	57	22.0	330.0	93.00%
		118.0	8.8	139.5	280t	30	8.0	165.7	84.18%
4	循环氢脱硫塔	250.0	14.1	290.5	800t	57	20.0	310.0	93.71%
		120.0	8.8	141.7	280t	30	8.0	165.7	85.50%

5.2.3　吊耳及索具设置

（1）加氢精制反应器吊耳及索具设置

200 万 t/a 蜡油加氢装置加氢精制反应器主吊采用 1 个 DG-800 型吊盖式吊耳，与顶部法兰口连接；抬尾采用 2 个 AP-200 型板式吊耳，设置在裙座处，方位为 180°。200 万 t/a 蜡油加氢装置加氢精制反应器吊耳方位见图 5-2。

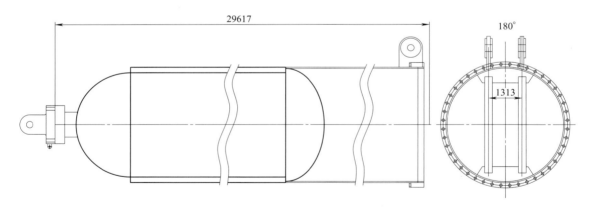

图 5-2　200 万 t/a 蜡油加氢装置加氢精制反应器吊耳方位

200 万 t/a 蜡油加氢装置加氢精制反应器主吊采用 1 对 ϕ168mm×28m 的钢丝绳，通过 1 个 1000t 级卸扣与主吊耳连接；抬尾采用 1 对 ϕ110mm×36m 的钢丝绳，通过 2 个 300t 级卸扣与抬尾吊耳连接。

（2）加氢裂化反应器吊耳及索具设置

200 万 t/a 蜡油加氢装置加氢裂化反应器主吊采用 1 个 DG-800 型吊盖式吊耳，与顶部法兰口连接；抬尾采用 2 个 AP-200 型板式吊耳，设置在裙座处，方位为 180°。200 万 t/a 蜡油加氢装置加氢裂化反应器吊耳方位见图 5-3。

200 万 t/a 蜡油加氢装置加氢裂化反应器主吊采用 1 对 ϕ168mm×28m 的钢丝绳，通过

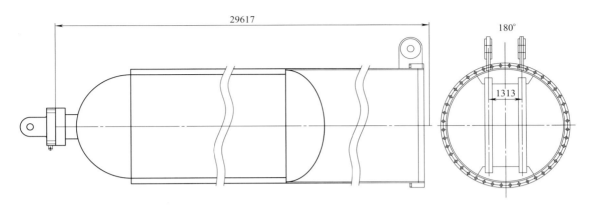

图 5-3　200 万 t/a 蜡油加氢装置加氢裂化反应器吊耳方位

1 个 1000t 级卸扣与主吊耳连接；抬尾采用 1 对 ϕ110mm×36m 的钢丝绳，通过 2 个 300t 级卸扣与抬尾吊耳连接。

（3）热高压分离器吊耳及索具设置

200 万 t/a 蜡油加氢装置热高压分离器主吊采用 1 个 DG-350 型吊盖式吊耳，与顶部法兰口连接；抬尾采用 2 个 AP-100 型板式吊耳，设置在裙座处，方位为 180°。200 万 t/a 蜡油加氢装置热高压分离器吊耳方位见图 5-4。

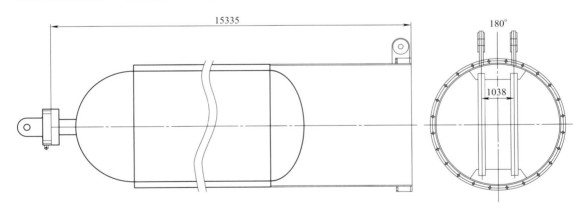

图 5-4　200 万 t/a 蜡油加氢装置热高压分离器吊耳方位

200 万 t/a 蜡油加氢装置热高压分离器主吊采用 1 对 ϕ90mm×20m 的钢丝绳，通过 1 个 400t 级卸扣与主吊耳连接；抬尾采用 1 对 ϕ72mm×18m 的钢丝绳，通过 2 个 85t 级卸扣与抬尾吊耳连接。

（4）循环氢脱硫塔吊耳及索具设置

200 万 t/a 蜡油加氢装置循环氢脱硫塔主吊采用 1 个 DG-300 型吊盖式吊耳，与顶部法兰口连接；抬尾采用 2 个 AP-75 型板式吊耳，设置在裙座处，方位为 180°。200 万 t/a 蜡油加氢装置循环氢脱硫塔吊耳方位见图 5-5。

200 万 t/a 蜡油加氢装置循环氢脱硫塔主吊采用 1 对 ϕ90mm×20m 的钢丝绳，通过 1 个 300t 级卸扣与主吊耳连接；抬尾采用 1 对 ϕ72mm×18m 的钢丝绳，通过 2 个 85t 级卸扣与抬尾吊耳连接。

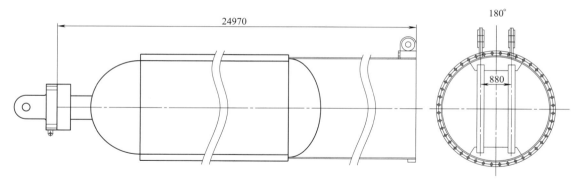

图 5-5　200 万 t/a 蜡油加氢装置循环氢脱硫塔吊耳方位

5.3　施工掠影

200 万 t/a 蜡油加氢装置加氢精制反应器、加氢裂化反应器吊装见图 5-6、图 5-7。

图 5-6　200 万 t/a 蜡油加氢装置加氢
精制反应器吊装

图 5-7　200 万 t/a 蜡油加氢装置加氢
裂化反应器吊装

6.1 典型设备介绍

350 万 t/a 柴蜡油加氢裂化装置有净质量大于等于 200t 的典型设备 11 台，其参数见表 6-1。

表 6-1　350 万 t/a 柴蜡油加氢裂化装置典型设备参数

序号	设备名称	设备规格 （直径×高）/mm×mm	安装标高 /mm	设备本体 质量/t	预焊件 质量/t	附属设施 质量/t	设备总 质量/t	数量 /台
1	一段加氢反应器	$\phi 5400 \times 59043$	200	2320.0	37.0		2357.0	1
2	二段反应器	$\phi 5400 \times 29500$	200	945.7	25.6		971.3	1
3	循环氢脱硫塔	$\phi 3200 \times 34955$	200	778.8	6.2		785.0	1
4	冷高压分离罐	$\phi 6000 \times 21613$	200	675.6	15.2		690.8	1
5	二段反应进料反应 流出物换热器	$\phi 3262 \times 26940$	3430	656.0	12.9		668.9	1
6	分馏塔	$\phi 10100 / \phi 3700 \times 76620$	25000	641.0	102.1	204.0	947.1	1
7	二段热高压分离器	$\phi 5400 \times 24832$	200	534.5	8.7		543.2	1
8	一段热高压分离器	$\phi 5400 \times 25126$	200	520.9	8.7		529.6	1
9	一段反应进料/反应 流出物换热器	$\phi 2933 \times 24194$	4526	467.0	12.9		479.9	1
10	冷低压分离器	$\phi 6800 \times 27262$	3000	372.0	4.0	34.5	410.5	1
11	汽提塔	$\phi 4100 / \phi 5100 \times 61130$	200	242.3	6.0	108.7	357.0	1

6.2 吊装方案设计

6.2.1 吊装工艺选择

针对该装置 11 台典型设备的参数、空间布置和现场施工资源总体配置计划，吊装方案设计时预计投入 XGC88000 型 4000t 级履带式起重机 1 台、CC8800-1 型 1600t 级履带式起重机 1 台、LR11350 型 1350t 级履带式起重机 1 台、LR1750 型 750t 级履带式起重机 1 台、

LR1400/2 型 400t 级履带式起重机 1 台完成所有吊装工作，吊装布局见图 6-1。

①一段加氢反应器、分馏塔采用 XGC88000 型 4000t 级履带式起重机主吊，CC8800-1 型 1600t 级履带式起重机、LR11350 型 1350t 级履带式起重机抬尾，通过"单机提吊递送法"吊装；

②二段加氢反应器采用 CC8800-1 型 1600t 级履带式起重机主吊，LR1750 型 750t 级履带式起重机抬尾，通过"单机提吊递送法"吊装；

③循环氢脱硫塔、冷高压分离罐、一段热高压分离器、二段热高压分离器、一段反应进料/反应流出物换热器、二段反应进料/反应流出物换热器、汽提塔采用 LR11350 型 1350t 级履带式起重机主吊，LR1750 型 750t 级履带式起重机、LR1400/2 型 400t 级履带式起重机抬尾，通过"单机提吊递送法"吊装；

④冷低压分离器采用 LR11350 型 1350t 级履带式起重机，通过"单机提吊法"吊装。

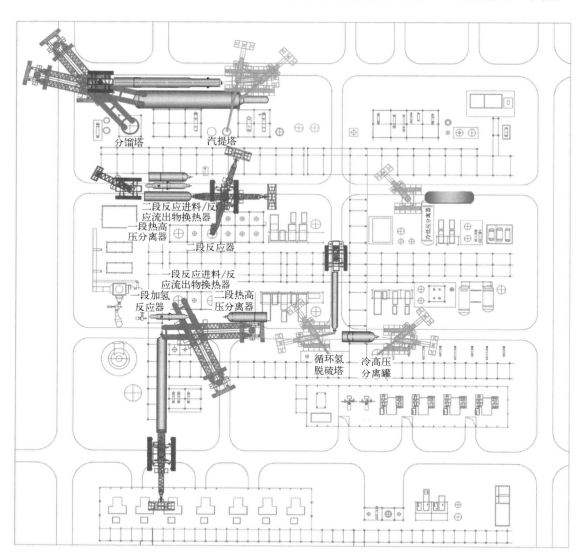

图 6-1   350 万 t/a 柴蜡油加氢裂化装置吊装布局

6.2.2　吊装参数设计

根据选用的吊装工艺和起重机械的性能参数确定 11 台设备的吊装参数，见表 6-2。

表 6-2　350 万 t/a 柴蜡油加氢裂化装置典型设备吊装参数

序号	设备名称	计算质量/t	索具质量/t	吊装质量/t	主/副起重机吨级	臂杆长度/m	作业半径/m	额定载荷/t	最大负载率
1	一段加氢反应器	2357.0	148.0	1408.0	4000t	114	20.0	1545.0	91.13%
		1196.8	52.0	1373.7	1600t	54	12.0	1498.0	91.7%
2	二段加氢反应器	971.3	32.0	1103.6	1600t	54	16.0	1109.0	99.5%
		473.2	19.0	541.4	750t	49	10.0	600.0	90.2%
3	循环氢脱硫塔	785.0	56.5	925.7	1350t	66	14.0	991.0	93.4%
		253.0	12.0	291.5	400t	56	10.0	316.0	92.2%
4	冷高压分离罐	690.8	35.0	798.4	1350t	66	14.0	866.0	92.2%
		375.0	18.5	432.9	750t	49	12.0	566.0	76.5%
5	二段反应进料/反应流出物换热器	668.9	35.0	774.3	1350t	66	15.0	847.0	91.4%
		443.0	27.5	517.6	750t	49	12.0	596.0	86.8%
6	分馏塔	947.1	156.5	1214.0	4000t	108+33	30.0	1230.0	98.7%
		400.1	26.0	468.7	1350t	60	20.0	587.0	79.8%
7	二段热高压分离器	543.2	39.0	640.4	1350t	66	18.0	695.0	92.1%
		240.3	14.0	279.7	400t	56	10.0	310.0	90.2%
8	一段热高压分离器	529.6	39.0	625.5	1350t	66	18.5	675.0	92.7%
		244.4	18.0	288.6	750t	49	10.0	373.0	77.4%
9	一段反应进料/反应流出物换热器	479.9	35.0	566.4	1350t	66	17.0	722.0	78.4%
		423.8	27.5	496.4	750t	49	13.0	544.0	91.3%
10	冷低压分离器	410.5	38.5	493.9	1350t	66	28.0	538.0	91.8%
11	汽提塔	357.0	43.0	440.0	1350t	90	30.6	460.3	95.6%
		169.7	11.5	199.3	400t	56	14.0	278.2	71.6%

6.2.3　吊耳及索具设置

（1）一段加氢反应器吊耳及索具设置

350 万 t/a 柴蜡油加氢裂化装置一段加氢反应器主吊采用 1 个 DG-2500 型吊盖式吊耳，与顶部法兰口连接；抬尾采用 2 个 AP-600 型板式吊耳，设置在裙座处，方位为 244°。350 万 t/a 柴蜡油加氢裂化装置一段加氢反应器吊耳方位见图 6-2。

350 万 t/a 柴蜡油加氢裂化装置一段加氢反应器主吊采用 2500t 级吊盖式吊耳专用连接件与吊钩连接；抬尾采用 1 对 φ168mm×18m 的无接头钢丝绳绳圈，通过 2 个 600t 级卸扣与抬尾吊耳连接。

（2）二段加氢反应器吊耳及索具设置

350 万 t/a 柴蜡油加氢裂化装置二段加氢反应器主吊采用 1 个 DG-1100 型吊盖式吊耳，与顶部法兰口连接；抬尾采用 2 个 AP-250 型板式吊耳，设置在裙座处，方位为 116°。

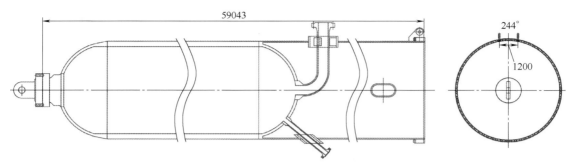

图 6-2　350 万 t/a 柴蜡油加氢裂化装置一段加氢反应器吊耳方位

350 万 t/a 柴蜡油加氢裂化装置二段加氢反应器吊耳方位见图 6-3。

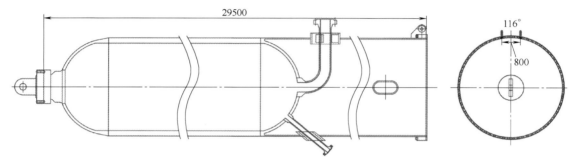

图 6-3　350 万 t/a 柴蜡油加氢裂化装置二段加氢反应器吊耳方位

350 万 t/a 柴蜡油加氢裂化装置二段加氢反应器主吊采用 1100t 级吊盖式吊耳专用连接件与吊钩连接；抬尾采用 1 对 φ142mm×16m 的无接头钢丝绳绳圈，通过 2 个 250t 级卸扣与抬尾吊耳连接。

（3）循环氢脱硫塔吊耳及索具设置

350 万 t/a 柴蜡油加氢裂化装置循环氢脱硫塔主吊采用 1 对 AXC-400 型管轴式吊耳，设置在上封头切线向下 6150mm 处，方位为 189°和 9°；抬尾采用 2 个 AP-150 型板式吊耳，设置在裙座处，方位为 279°。350 万 t/a 柴蜡油加氢裂化装置循环氢脱硫塔吊耳方位见图 6-4。

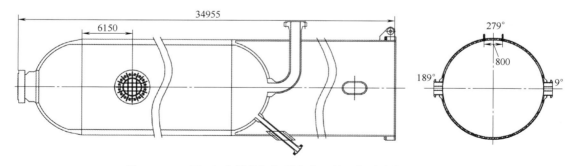

图 6-4　350 万 t/a 柴蜡油加氢裂化装置循环氢脱硫塔吊耳方位

350 万 t/a 柴蜡油加氢裂化装置循环氢脱硫塔主吊配备 1 根组合式平衡梁，平衡梁与吊耳之间采用 1 对 φ208mm×30m 的无接头钢丝绳绳圈连接，平衡梁与吊钩之间采用 1 对 φ208mm×24m 的无接头钢丝绳绳圈连接；抬尾采用 1 对 φ110mm×16m 的压制钢丝绳（单根对折使用），通过 2 个 150t 级卸扣与抬尾吊耳连接。

（4）冷高压分离罐吊耳及索具设置

350 万 t/a 柴蜡油加氢裂化装置冷高压分离罐主吊采用 1 个 DG-800 型吊盖式吊耳，与顶部法兰口连接；抬尾采用 2 个 AP-200 型板式吊耳，设置在裙座处，方位为 144°。350 万 t/a 柴蜡油加氢裂化装置冷高压分离罐吊耳方位见图 6-5。

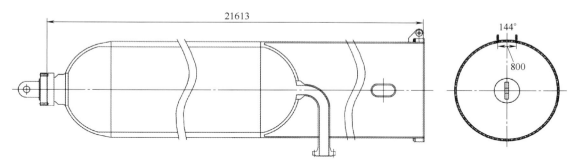

图 6-5　350 万 t/a 柴蜡油加氢裂化装置冷高压分离罐吊耳方位

350 万 t/a 柴蜡油加氢裂化装置冷高压分离罐主吊采用 1 对 ϕ184mm×16m 的无接头钢丝绳绳圈通过 1 个 800t 级卸扣与主吊耳连接；抬尾采用 1 对 ϕ160mm×12m 的无接头钢丝绳绳圈，通过 2 个 200t 级卸扣与抬尾吊耳连接。

（5）二段反应进料/反应流出物换热器吊耳及索具设置

350 万 t/a 柴蜡油加氢裂化装置二级反应进料/反应流出物换热器主吊采用 1 个 DG-800 型吊盖式吊耳，与顶部法兰口连接；抬尾采用 1 个 DG-600 型吊盖式吊耳，与裙座下部的法兰口连接，方位为 180°。350 万 t/a 柴蜡油加氢裂化装置二段反应进料/反应流出物换热器吊耳方位见图 6-6。

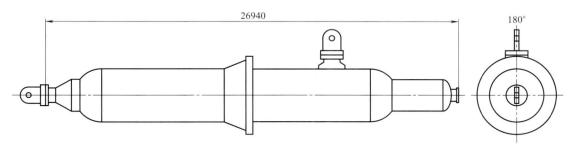

图 6-6　350 万 t/a 柴蜡油加氢裂化装置二段反应进料/反应流出物换热器吊耳方位

350 万 t/a 柴蜡油加氢裂化装置二段反应进料/反应流出物换热器主吊采用 1 对 ϕ184mm×16m 的无接头钢丝绳绳圈，通过 1 个 800t 级卸扣与主吊耳连接；抬尾采用 1 对 ϕ160mm×12m 的无接头钢丝绳绳圈，通过 1 个 600t 级卸扣与抬尾吊耳连接。

（6）分馏塔吊耳及索具设置

350 万 t/a 柴蜡油加氢裂化装置分馏塔主吊采用 1 对 AXC-500 型管轴式吊耳，设置在上封头切线向下 5915mm 处，方位为 294°和 114°；抬尾采用 2 个 AP-200 型板式吊耳，设置在裙座处，方位为 24°。350 万 t/a 柴蜡油加氢裂化装置分馏塔吊耳方位见图 6-7。

350 万 t/a 柴蜡油加氢裂化装置分馏塔主吊配备 1 根组合式平衡梁，平衡梁与吊耳之间

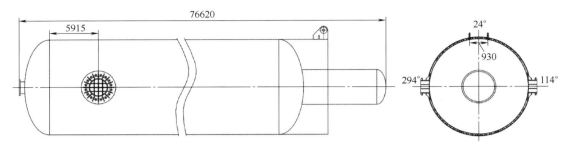

图 6-7　350 万 t/a 柴蜡油加氢裂化装置分馏塔吊耳方位

采用 1 对 ϕ276mm×36m 的无接头钢丝绳绳圈连接，平衡梁与吊钩之间采用 1 对 ϕ208mm×24m 的无接头钢丝绳绳圈连接；抬尾采用 1 对 ϕ184mm×16m 的无接头钢丝绳绳圈，通过 2 个 200t 级卸扣与抬尾吊耳连接。

（7）二段热高压分离器吊耳及索具设置

350 万 t/a 柴蜡油加氢裂化装置二段热高压分离器主吊采用 1 个 DG-700 型吊盖式吊耳，与顶部法兰口连接；抬尾采用 2 个 AP-150 型板式吊耳，设置在裙座处，方位为 234°。350 万 t/a 柴蜡油加氢裂化装置二段热高压分离器吊耳方位见图 6-8。

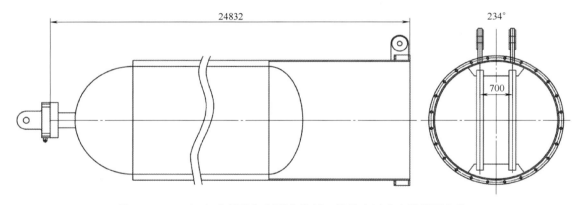

图 6-8　350 万 t/a 柴蜡油加氢裂化装置二段热高压分离器吊耳方位

350 万 t/a 柴蜡油加氢裂化装置二段热高压分离器主吊采用 1 对 ϕ208mm×24m 的无接头钢丝绳绳圈，通过 1 个 700t 级卸扣与主吊耳连接；抬尾采用 1 对 ϕ110mm×16m 的压制钢丝绳（单根对折使用），通过 2 个 150t 级卸扣与抬尾吊耳连接。

（8）一段热高压分离器吊耳及索具设置

350 万 t/a 柴蜡油加氢裂化装置一段热高压分离器主吊采用 1 个 DG-700 型吊盖式吊耳，与顶部法兰口连接；抬尾采用 2 个 AP-150 型板式吊耳，设置在裙座处，方位为 306°。350 万 t/a 柴蜡油加氢裂化装置一段热高压分离器吊耳方位见图 6-9。

350 万 t/a 柴蜡油加氢裂化装置一段热高压分离器主吊采用 1 对 ϕ208mm×24m 的无接头钢丝绳绳圈，通过 1 个 700t 级卸扣与主吊耳连接；抬尾采用 1 对 ϕ90mm×12m 的压制钢丝绳（单根对折使用），通过 2 个 150t 级卸扣与抬尾吊耳连接。

（9）一段反应进料/反应流出物换热器吊耳及索具设置

350 万 t/a 柴蜡油加氢裂化装置一段反应进料/反应流出物换热器主吊采用 1 个 DG-700

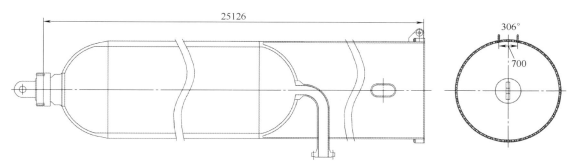

图 6-9　350 万 t/a 柴蜡油加氢裂化装置一段热高压分离器吊耳方位

型吊盖式吊耳，与顶部法兰口连接；抬尾采用 1 个 DG-500 型吊盖式吊耳，与裙座下部的法兰口连接，方位为 0°。350 万 t/a 柴蜡油加氢裂化装置一段反应进料/反应流出物换热器吊耳方位见图 6-10。

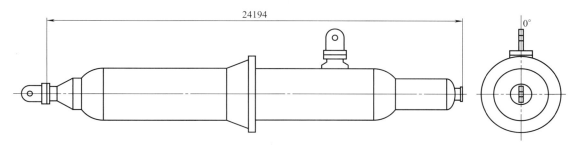

图 6-10　350 万 t/a 柴蜡油加氢裂化装置一段反应进料/反应流出物换热器吊耳方位

350 万 t/a 柴蜡油加氢裂化装置一段反应进料/反应流出物换热器主吊采用 1 对 ϕ184mm×16m 的无接头钢丝绳绳圈，通过 1 个 700t 级卸扣与主吊耳连接；抬尾采用 1 对 ϕ160mm×12m 的无接头钢丝绳绳圈通过 1 个 500t 级卸扣与抬尾吊耳连接。

（10）冷低压分离器索具设置

350 万 t/a 柴蜡油加氢裂化装置冷低压分离器吊装时不设置吊耳，采用"兜挂法"，即起重机采用一对 ϕ92mm×40m 的压制钢丝绳（单根对折使用）兜挂设备两端。

（11）汽提塔吊耳及索具设置

350 万 t/a 柴蜡油加氢裂化装置汽提塔主吊采用 1 对 AXC-200 型管轴式吊耳，设置在上封头切线向下 3700mm 处，方位为 60°和 240°；抬尾采用 2 个 AP-100 型板式吊耳，设置在裙座处，方位为 150°。350 万 t/a 柴蜡油加氢裂化装置汽提塔吊耳方位见图 6-11。

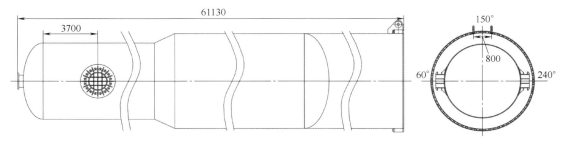

图 6-11　350 万 t/a 柴蜡油加氢裂化装置汽提塔吊耳方位

350 万 t/a 柴蜡油加氢裂化装置汽提塔主吊配备 1 根组合式平衡梁,平衡梁与吊耳之间采用 1 对 $\phi160\text{mm} \times 16\text{m}$ 的无接头钢丝绳绳圈连接,平衡梁与吊钩之间采用 1 对 $\phi142\text{mm} \times 16\text{m}$ 的压制钢丝绳(单根对折使用)连接;抬尾采用 1 对 $\phi118\text{mm} \times 12\text{m}$ 的压制钢丝绳(单根对折使用),通过 2 个 120t 级卸扣与抬尾吊耳连接。

6.3 施工掠影

350 万 t/a 柴蜡油加氢裂化装置一段加氢反应器、分馏塔吊装见图 6-12、图 6-13。

图 6-12　350 万 t/a 柴蜡油加氢裂化装置　　　　　图 6-13　350 万 t/a 柴蜡油加氢裂化
一段加氢反应器吊装　　　　　　　　　　装置分馏塔吊装

第7章

浆态床渣油加氢装置

7.1 典型设备介绍

300 万 t/a 浆态床渣油加氢装置有净质量等于大于 200t 的典型设备 11 台，其参数见表 7-1。

表 7-1 300 万 t/a 浆态床渣油加氢装置典型设备参数

序号	设备名称	设备规格 （直径×高）/mm×mm	安装标高 /mm	设备本体 质量/t	预焊件 质量/t	附属设施 质量/t	设备总 质量/t	数量/台
1	浆态床加氢反应器	$\phi5500\times67570$	500	2993.4			2993.4	3
2	热高压分离器	$\phi4800\times23718$	45000	745.8		9.3	755.1	3
3	减压塔	$\phi8700\times63378$	22000	491.0	80.0	100.0	671.0	1
4	循环氢脱硫塔	$\phi3790/\phi3000\times27956$	200	395.0	1.2	5.0	401.2	1
5	淋洗塔	$\phi3000\times17898$	200	269.7	1.2	5.0	275.9	1
6	冷高压分离器	$\phi3000\times13281$	6000	266.0			266.0	1
7	混合进料缓冲罐	$\phi5000/\phi3600\times34105$	15000	222.7	5.0		227.7	1

7.2 吊装方案设计

7.2.1 吊装工艺选择

针对该装置 11 台典型设备的参数、空间布置和现场施工资源总体配置计划，吊装方案设计时预计投入 XGC88000 型 4000t 级履带式起重机 1 台、XGC28000 型 2000t 级履带式起重机 1 台、SCC6000A 型 600t 级履带式起重机 1 台、QUY280 型 280t 级履带式起重机 1 台完成所有吊装工作，吊装布局见图 7-1。

① 浆态床加氢反应器采用 XGC88000 型 4000t 级履带式起重机主吊，XGC28000 型 2000t 级履带式起重机抬尾，通过"单机提吊递送法"吊装；

② 热高压分离器、减压塔、循环氢脱硫塔、淋洗塔、混合进料缓冲罐采用 XGC28000 型 2000t 级履带式起重机主吊，SCC6000A 型 600t 级履带式起重机、QUY280 型 280t 级履带式起重机抬尾，通过"单机提吊递送法"吊装；

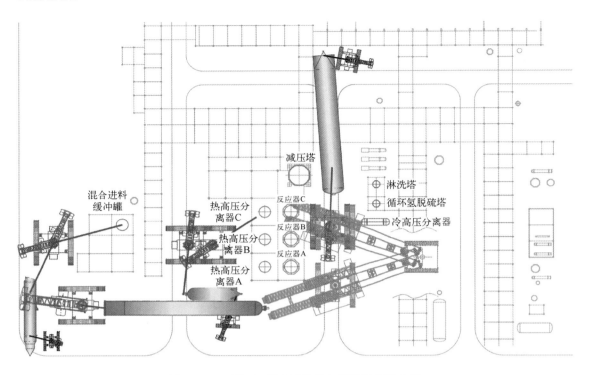

图 7-1　300 万 t/a 浆态床渣油加氢装置吊装布局

③ 冷高压分离器采用 XGC28000 型 2000t 级履带式起重机,通过"单机提吊旋转法"吊装。

7.2.2　吊装参数设计

根据选用的吊装工艺和起重机械的性能参数确定 11 台设备的吊装参数,见表 7-2。

表 7-2　300 万 t/a 浆态床渣油加氢装置典型设备吊装参数

序号	设备名称	计算质量/t	索具质量/t	吊装质量/t	主/副起重机吨级	臂杆长度/m	作业半径/m	额定载荷/t	最大负载率
1	浆态床反应器	2993.4	194.6	3188.0	4000t	81	22.0	3380.0	93%
		1463.3	100.8	1720.5	2000t	54	10.0	1800.0	96%
2	热高压分离器	755.1	21.0	853.7	2000t	90	22.0	967.0	88%
		407.0	25.0	475.2	600t	36	10.0	538.0	88%
3	减压塔	671.0	49.0	792.0	2000t	96	24.0	964.0	82%
		275.0	25.0	330.0	600t	36	10.0	538	61%
4	循环氢脱硫塔	401.2	21.0	464.4	2000t	90	32.0	515.0	90%
		185.0	6.0	210.1	600t	36	10.0	334.0	63%
5	淋洗塔	275.9	57.0	366.0	2000t	90	34.0	399.0	92%
		136.0	6.0	156.2	280t	27	8.0	173.6	90%
6	冷高压分离器	266.0	61.8	360.0	2000t	90	26.0	385.0	94%
7	混合进料缓冲罐	227.7	49.0	304.4	2000t	90	30.0	319.0	95%
		113.5	6.0	131.5	280t	27	9.0	147.0	89%

7.2.3　吊耳及索具设置

（1）浆态床反应器吊耳及索具设置

300 万 t/a 浆态床渣油加氢装置浆态床反应器主吊采用 1 个 DG-3100 型吊盖式吊耳，与顶部法兰口连接；抬尾采用 4 个 AP-400 型板式吊耳，设置在裙座处，方位为 270°。300 万 t/a 浆态床渣油加氢装置浆态床反应器吊耳方位见图 7-2。

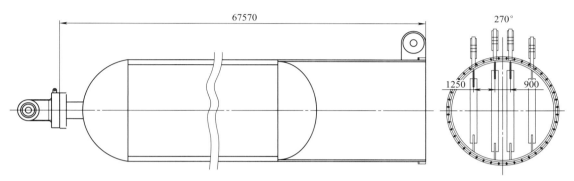

图 7-2　300 万 t/a 浆态床渣油加氢装置浆态床反应器吊耳方位

300 万 t/a 浆态床渣油加氢装置浆态床反应器主吊采用拉板将 3600t 级吊钩与主吊耳连接；抬尾采用 1 对 ϕ220mm×52m 的钢丝绳，通过 4 个 500t 级卸扣与抬尾吊耳连接。

（2）热高压分离器吊耳及索具设置

300 万 t/a 浆态床渣油加氢装置热高压分离器主吊采用 1 个 DG-800 型吊盖式吊耳，与顶部法兰连接；抬尾采用 2 个 AP-250 型板式吊耳，设置在裙座处，方位为 270°。300 万 t/a 浆态床渣油加氢装置热高压分离器吊耳方位见图 7-3。

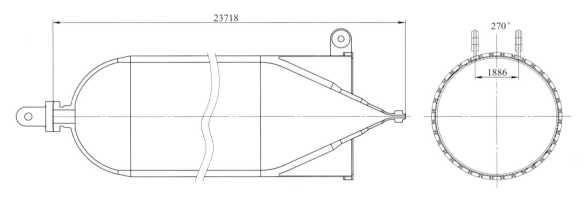

图 7-3　300 万 t/a 浆态床渣油加氢装置热高压分离器吊耳方位

300 万 t/a 浆态床渣油加氢装置热高压分离器主吊采用 1 对 ϕ168mm×38m 的钢丝绳（单根对折使用），通过 1 个 1000t 级卸扣与主吊耳连接；抬尾采用 1 对 ϕ132mm×24m 的钢丝绳（单根对折使用），通过 2 个 300t 级卸扣与抬尾吊耳连接。

（3）减压塔吊耳及索具设置

300 万 t/a 浆态床渣油加氢装置减压塔主吊采用 1 对 AXC-350 型管轴式吊耳，设置在上封头切线向下 9240mm 处，方位为 292.5°和 112.5°；抬尾采用 2 个 AP-150 型板式吊耳，设置在裙座处,方位为 22.5°。300 万 t/a 浆态床渣油加氢装置减压塔吊耳方位见图 7-4。

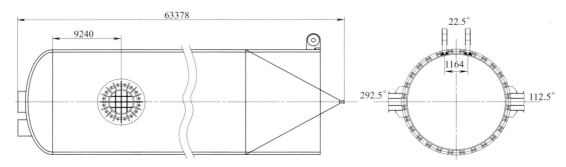

图 7-4   300 万 t/a 浆态床渣油加氢装置减压塔吊耳方位

300 万 t/a 浆态床渣油加氢装置减压塔主吊配备 1 根支撑式平衡梁,吊钩与吊耳之间采用 1 对 $\phi204mm\times50m$ 的无接头钢丝绳绳圈连接,吊钩与平衡梁之间采用 1 对 $\phi65mm\times18m$ 的钢丝绳和 2 个 55t 级卸扣连接;抬尾采用 1 对 $\phi120mm\times30m$ 的钢丝绳(单根对折使用),通过 2 个 200t 级卸扣与抬尾吊耳连接。

（4）循环氢脱硫塔吊耳及索具设置

300 万 t/a 浆态床渣油加氢装置循环氢脱硫塔主吊采用 1 个 DG-450 型吊盖式吊耳,与顶部法兰口连接;抬尾采用 2 个 AP-100 型板式吊耳,设置在裙座处,方位为 90°。300 万 t/a 浆态床渣油加氢装置循环氢脱硫塔吊耳方位见图 7-5。

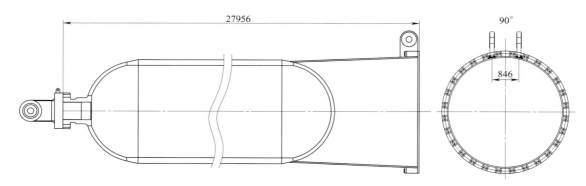

图 7-5   300 万 t/a 浆态床渣油加氢装置循环氢脱硫塔吊耳方位

300 万 t/a 浆态床渣油加氢装置循环氢脱硫塔主吊采用 1 对 $\phi132mm\times24m$ 的无接头钢丝绳绳圈直接与主吊耳连接;抬尾采用 1 对 $\phi110mm\times22m$ 的钢丝绳,通过 2 个 150t 级卸扣与抬尾吊耳连接。

（5）淋洗塔吊耳及索具设置

300 万 t/a 浆态床渣油加氢装置淋洗塔主吊采用 1 个 DG-300 型吊盖式吊耳,与顶部法兰口连接;抬尾采用 2 个 AP-75 型板式吊耳,设置在裙座处,方位为 75°。300 万 t/a 浆态床渣油加氢装置淋洗塔吊耳方位见图 7-6。

300 万 t/a 浆态床渣油加氢装置淋洗塔主吊采用 1 对 $\phi110mm\times22m$ 的压制钢丝绳(单根对折使用),通过 1 个 1000t 级卸扣与主吊耳连接;抬尾采用 1 对 $\phi78mm\times14m$ 的钢丝绳(单根对折使用),通过 2 个 85t 级卸扣与抬尾吊耳连接。

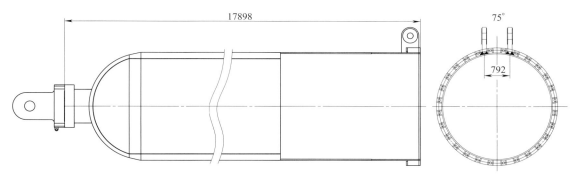

图 7-6　300 万 t/a 浆态床渣油加氢装置淋洗塔吊耳方位

（6）冷高压分离器吊耳及索具设置

300 万 t/a 浆态床渣油加氢装置冷高压分离器为卧式设备，吊装时不设置吊耳，采用"兜挂法"。

冷高压分离器吊装时配备 1 根平衡梁，平衡梁与吊钩之间采用 1 对 $\phi110mm \times 14m$ 的压制钢丝绳和 2 个 150t 级卸扣连接；平衡梁下方通过 2 个 150t 级卸扣连接 1 对 $\phi110mm \times 30m$ 的压制钢丝绳，钢丝绳直接将设备本体"兜起来"，见图 7-7。

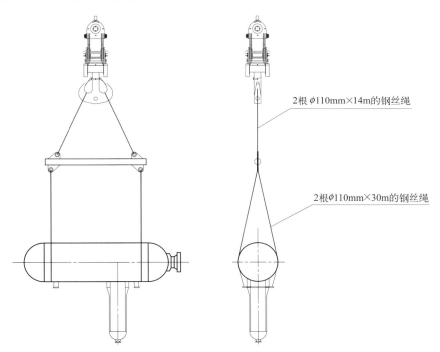

2根φ110mm×14m的钢丝绳

2根φ110mm×30m的钢丝绳

图 7-7　300 万 t/a 浆态床渣油加氢装置冷高压分离器吊装索具设置

（7）混合进料缓冲罐吊耳及索具设置

300 万 t/a 浆态床渣油加氢装置混合进料缓冲罐主吊采用 1 对 AXC-125 型管轴式吊耳，设置在上封头切线向下 5000mm 处，方位为 315°和 135°；抬尾采用 2 个 AP-75 型板式吊耳，设置在底部向上 8800mm 处，方位为 45°。300 万 t/a 浆态床渣油加氢装置混合进料缓冲罐吊耳方位见图 7-8。

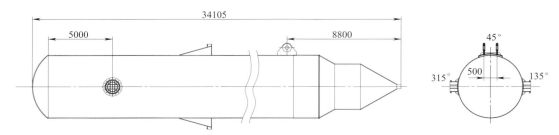

图 7-8　300 万 t/a 浆态床渣油加氢装置混合进料缓冲罐吊耳方位

　　300 万 t/a 浆态床渣油加氢装置混合进料缓冲罐主吊配备 1 根支撑式平衡梁，吊钩与吊耳之间采用 1 对 ϕ90mm×36m 的压制钢丝绳连接，吊钩与平衡梁之间采用 1 对 ϕ52mm×10m 的钢丝绳和 2 个 55t 级卸扣连接；抬尾采用 1 对 ϕ78mm×14m 的钢丝绳，通过 2 个 85t 级卸扣与抬尾吊耳连接。

7.3　施工掠影

　　300 万 t/a 浆态床渣油加氢装置浆态床反应器吊装见图 7-9。

图 7-9　300 万 t/a 浆态床渣油加氢装置浆态床反应器吊装

第**8**章

渣油加氢处理装置

8.1 典型设备介绍

260 万 t/a 渣油加氢处理装置 3 个系列共有净质量大于等于 200t 的典型设备 24 台，其参数见表 8-1。

表 8-1 260 万 t/a 渣油加氢处理装置典型设备参数

序号	设备名称	设备规格(直径× 高)/mm×mm	安装标高 /mm	设备本体 质量/t	预焊件 质量/t	附属设施 质量/t	设备总 质量/t	数量 /台
1	上行式保护反应器	φ5600×30200	200	1430.0	5.0	36.0	1471.0	3
2	加氢反应器(四)	φ5600×29100	200	1220.0	5.0	36.0	1261.0	3
3	加氢反应器(三)	φ5600×29100	200	1220.0	5.0	36.0	1261.0	3
4	加氢反应器(二)	φ5600×29100	200	1220.0	5.0	36.0	1261.0	3
5	加氢反应器(一)	φ5600×23700	200	935.0	5.0	36.0	976.0	3
6	循环氢脱硫塔	φ2600×29114	200	333.0	0.9	3.3	337.2	3
7	热高压分离器	φ3800×17300	200	302.0	0.9	5.3	308.2	3
8	冷高压分离器	φ3800×15800	200	295.0	0.7	3.3	299.0	3

8.2 吊装方案设计

8.2.1 吊装工艺选择

针对该装置 24 台典型设备的参数、空间布置和现场施工资源总体配置计划，吊装方案设计时预计投入 SCC98000 型 4500t 级履带式起重机 1 台、SCC10000A 型 1000t 级履带式起重机 1 台、QUY650 型 650t 级履带式起重机 1 台、XGC500 型 500t 级履带式起重机 1 台、QUY260 型 260t 级履带式起重机 1 台完成所有吊装工作，吊装布局见图 8-1。

① 上行式保护反应器、加氢反应器采用 SCC98000 型 4500t 级履带式起重机主吊，SCC10000A 型 1000t 级履带式起重机抬尾，通过"单机提吊递送法"吊装；

② 热高压分离器、冷高压分离器采用 SCC10000A 型 1000t 级履带式起重机主吊，XGC500 型 500t 级履带式起重机抬尾，通过"单机提吊递送法"吊装；

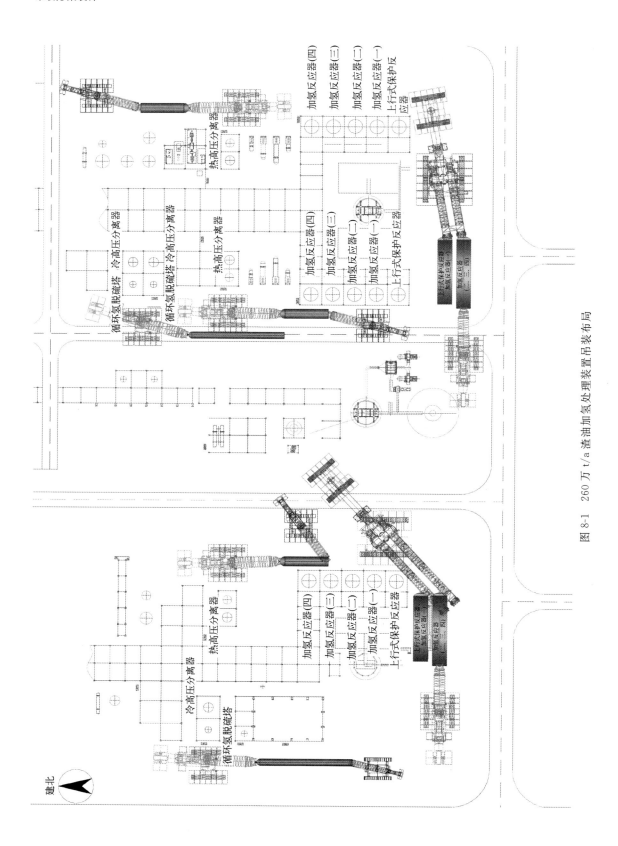

图 8-1 260 万 t/a 渣油加氢处理装置吊装布局

③ 循环氢脱硫塔采用 QUY650 型 650t 级履带式起重机主吊，QUY260 型 260t 级履带式起重机抬尾，通过"单机提吊递送法"吊装。

8.2.2　吊装参数设计

根据选用的吊装工艺和起重机械的性能参数确定 8 台设备的吊装参数，见表 8-2。

表 8-2　260 万 t/a 渣油加氢处理装置典型设备吊装参数

序号	设备名称	计算质量/t	索具质量/t	吊装质量/t	主/副起重机吨级	臂杆长度/m	作业半径/m	额定载荷/t	最大负载率
1	上行式保护反应器	1471.0	100.0	1728.1	4500t	72	22.0	1785.0	96.81%
		715.0	35.3	825.3	1000t	42	12.0	981.0	84.13%
2	加氢反应器（四）	1261.0	100.0	1497.1	4500t	72	24.0	1772.0	84.49%
		601.0	35.3	699.9	1000t	42	14.0	961.0	72.83%
3	加氢反应器（三）	1261.0	100.0	1497.1	4500t	72	24.0	1772.0	84.49%
		601.0	35.3	699.9	1000t	42	14.0	961.0	72.83%
4	加氢反应器（二）	1261.0	100.0	1497.1	4500t	72	22.0	1785.0	83.87%
		601.0	35.3	699.9	1000t	42	14.0	961.0	72.83%
5	加氢反应器（一）	976.0	100.0	1183.6	4500t	72	24.0	1772.0	66.79%
		464.0	35.3	549.2	1000t	42	17.0	791.0	69.43%
6	循环氢脱硫塔	337.2	14.7	387.1	650t	48	14.0	420.0	92.16%
		172.0	8.0	198.0	260t	24	6.0	210.0	94.29%
7	热高压分离器	308.2	30.0	372.0	1000t	48	25.0	460.0	80.87%
		157.2	6.8	180.4	500t	66	16.0	283.0	63.75%
8	冷高压分离器	299.0	11.7	341.8	1000t	78	24.0	366.0	93.38%
		145.0	5.0	165.0	260t	24	7.0	210.0	78.57%

8.2.3　吊耳及索具设置

（1）反应器吊耳及索具设置

260 万 t/a 渣油加氢处理装置上行式保护反应器、加氢反应器主吊采用 1 个 DG-1600 型吊盖式吊耳，与顶部法兰口连接；抬尾采用 4 个 AP-200 型板式吊耳，设置在裙座处，方位为 0°。260 万 t/a 渣油加氢处理装置上行式保护反应器、加氢反应器吊耳方位见图 8-2。

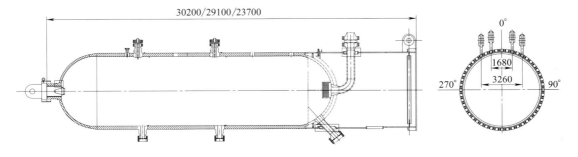

图 8-2　260 万 t/a 渣油加氢处理装置上行式保护反应器、加氢反应器吊耳方位

260 万 t/a 渣油加氢处理装置上行式保护反应器、加氢反应器主吊采用 1600t 级吊盖式吊耳专用连接件与吊钩连接；抬尾采用 1 对 φ135mm×50m 的钢丝绳（单根对折使用），通过 4 个 300t 级卸扣与抬尾吊耳连接。

（2）循环氢脱硫塔吊耳及索具设置

260 万 t/a 渣油加氢处理装置循环氢脱硫塔主吊采用 1 个 DG-350 型吊盖式吊耳，与顶部法兰口连接；抬尾采用 2 个 AP-100 型板式吊耳，设置在裙座处，方位为 0°。260 万 t/a 渣油加氢处理装置循环氢脱硫塔吊耳方位见图 8-3。

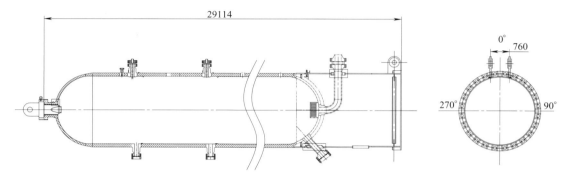

图 8-3　260 万 t/a 渣油加氢处理装置循环氢脱硫塔吊耳方位

260 万 t/a 渣油加氢处理装置循环氢脱硫塔主吊采用 1 对 φ130mm×12m 的压制钢丝绳，通过 1 个 400t 级卸扣与主吊耳连接；抬尾采用 1 对 φ90mm×20m 的钢丝绳（单根对折使用），通过 2 个 150t 级卸扣与抬尾吊耳连接。

（3）热高压分离器吊耳及索具设置

260 万 t/a 渣油加氢处理装置热高压分离器主吊采用 1 个 DG-350 型吊盖式吊耳，与顶部法兰口连接；抬尾采用 2 个 AP-100 型板式吊耳，设置在裙座处，方位为 0°。260 万 t/a 渣油加氢处理装置热高压分离器吊耳方位见图 8-4。

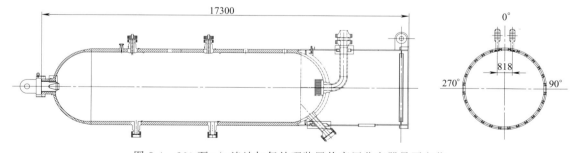

图 8-4　260 万 t/a 渣油加氢处理装置热高压分离器吊耳方位

260 万 t/a 渣油加氢处理装置热高压分离器主吊采用 1 对 φ130mm×12m 的压制钢丝绳，通过 1 个 400t 级卸扣与主吊耳连接；抬尾采用 1 对 φ90mm×20m 的钢丝绳（单根对折使用），通过 2 个 150t 级卸扣与抬尾吊耳连接。

（4）冷高压分离器吊耳及索具设置

260 万 t/a 渣油加氢处理装置冷高压分离器主吊采用 1 个 DG-300 型吊盖式吊耳，与顶部法兰口连接；抬尾采用 2 个 AP-75 型板式吊耳，设置在裙座处，方位为 0°。260 万 t/a 渣油加氢处理装置冷高压分离器吊耳方位见图 8-5。

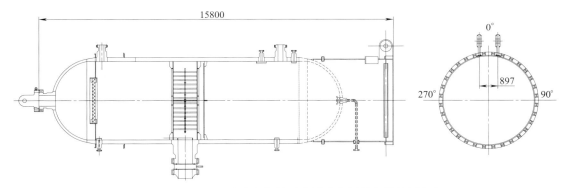

图 8-5　260 万 t/a 渣油加氢处理装置冷高压分离器吊耳方位

260 万 t/a 渣油加氢处理装置冷高压分离器主吊采用 1 对 ϕ130mm×12m 的压制钢丝绳，通过 1 个 400t 级卸扣与主吊耳连接；抬尾采用 1 对 ϕ90mm×20m 的钢丝绳（单根对折使用），通过 2 个 120t 级卸扣与抬尾吊耳连接。

8.3　施工掠影

260 万 t/a 渣油加氢处理装置上行式保护反应器吊装见图 8-6。

图 8-6　260 万 t/a 渣油加氢处理装置上行式保护反应器吊装

第**9**章

渣油制氢联合装置

9.1 典型设备介绍

渣油制氢联合装置有净质量等于大于 200t 的典型设备 7 台，其参数见表 9-1。

表 9-1　渣油制氢联合装置典型设备参数

序号	设备名称	设备规格(直径×高)/mm×mm	安装标高/mm	设备本体质量/t	预焊件质量/t	附属设施质量/t	设备总质量/t	数量/台
1	变换气洗涤塔(下段)	$\phi3400/\phi6070\times48802$	200	341.2	40.0	122.1	503.3	1
2	变换气洗涤塔(上段)	$\phi3400\times45068$	48802	273.4	25.0	111.7	410.1	
3	溶剂抽提塔	$\phi5100\times30105$	200	343.6			343.6	1
4	气化炉	$\phi2000/\phi3700/\phi2650\times31540$	20000	304.2		2.5	306.7	3
5	H_2S浓缩塔(下段)	$\phi6300/\phi3600\times60210$	200	205.0	40.0	45.5	290.5	1
6	H_2S浓缩塔(上段)	$\phi3600\times28966$	60410	85.0	20.0	48.2	153.2	
7	超高压氮气缓冲罐	$\phi3000\times24100$	200	243.6			243.6	1

9.2 吊装方案设计

9.2.1 吊装工艺选择

针对该装置 7 台典型设备的参数、空间布置和现场施工资源总体配置计划，吊装方案设计时预计投入 ZCC12500 型 1250t 级履带式起重机 1 台、SCC4000A-2 型 400t 级履带式起重机 1 台、QUY280 型 280t 级履带式起重机 1 台完成所有吊装工作，吊装布局见图 9-1。

① 变换气洗涤塔（下段）、气化炉、H_2S 浓缩塔（下段）采用 ZCC12500 型 1250t 级履带式起重机主吊，SCC4000A-2 型 400t 级履带式起重机抬尾，通过"单机提吊递送法"吊装；

② 变换气洗涤塔（上段）、溶剂抽提塔、超高压氮气缓冲罐、H_2S 浓缩塔（上段）采用 ZCC12500 型 1250t 级履带式起重机主吊，QUY280 型 280t 级履带式起重机抬尾，通过"单机提吊递送法"吊装。

9.2.2 吊装参数设计

根据选用的吊装工艺和起重机械的性能参数确定 7 台设备的吊装参数，见表 9-2。

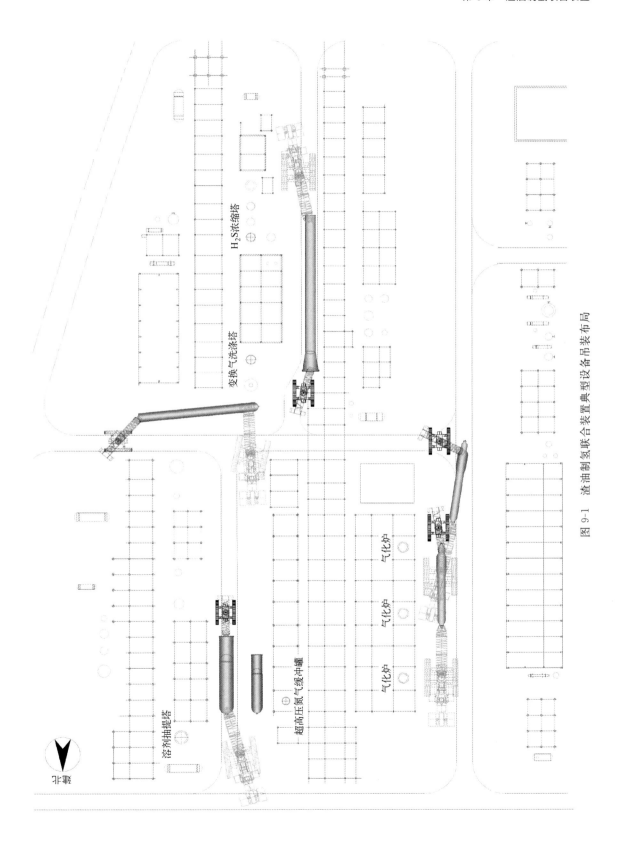

图 9-1 渣油制氢联合装置典型设备吊装布局

表 9-2　渣油制氢联合装置典型设备吊装参数

序号	设备名称	计算质量/t	索具质量/t	吊装质量/t	主/副起重机吨级	臂杆长度/m	作业半径/m	额定载荷/t	最大负载率
1	变换气洗涤塔（下段）	503.3	32.0	588.8	1250t	90	28.0	596.0	98.80%
		148.6	15.1	180.1	400t	30	9.0	247.1	72.87%
2	变换气洗涤塔（上段）	410.1	26.6	480.4	1250t	108	16.0	500.0	96.07%
		64.5	6.1	77.7	280t	30	9.0	139.8	55.55%
3	溶剂抽提塔	343.6	30.2	411.2	1250t	108	23.5	421.0	97.67%
		96.1	6.5	112.9	280t	36	9.0	139.8	80.73%
4	气化炉	306.7	21.3	360.8	1250t	108	14.0	362.0	99.67%
		188.5	15.0	223.9	400t	42	9.0	247.1	90.59%
5	H_2S 浓缩塔（下段）	290.5	31.8	354.5	1250t	108	26.0	376.0	94.29%
		148.6	15.1	180.1	400t	42	9.0	247.1	72.87%
6	H_2S 浓缩塔（上段）	153.2	23.3	194.2	1250t	108	26.0	201.0	96.59%
		64.5	6.1	77.7	280t	42	9.0	139.8	55.55%
7	超高压氮气缓冲罐	243.6	28.2	299.0	1250t	108	26.0	328.0	91.15%
		93.9	6.5	110.4	280t	36	9.0	139.8	79.00%

9.2.3　吊耳及索具设置

（1）变换气洗涤塔（下段）吊耳及索具设置

渣油制氢联合装置变换气洗涤塔（下段）主吊采用 1 对 AXC-300 型管轴式吊耳，设置在顶部向下 6000mm 处，方位为 45°和 225°；抬尾采用 2 个 AP-100 型板式吊耳，设置在裙座处，方位为 135°。渣油制氢联合装置变换气洗涤塔（下段）吊耳方位见图 9-2。

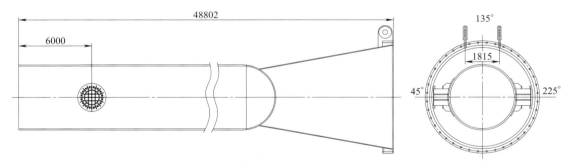

图 9-2　渣油制氢联合装置变换气洗涤塔（下段）吊耳方位

渣油制氢联合装置变换气洗涤塔（下段）主吊配备 1 根支撑式平衡梁，吊钩与吊耳之间采用 1 对 ϕ120mm×40m 的钢丝绳（单根对折使用）连接，吊钩与平衡梁之间采用 1 对 ϕ52mm×10m 的钢丝绳和 2 个 55t 级卸扣连接；抬尾采用 1 对 ϕ90mm×20m 的钢丝绳，通过 2 个 150t 级卸扣与抬尾吊耳连接。

渣油制氢联合装置变换气洗涤塔（上段）主吊采用 1 对 AXC-225 型管轴式吊耳，设置在封头切线向下 5400mm 处，方位为 165°和 345°；抬尾采用 2 个 AP-100 型板式吊耳，设置在底部分段位置向上 1500mm 处，方位为 255°。渣油制氢联合装置变换气洗涤塔（上段）

吊耳方位见图 9-3。

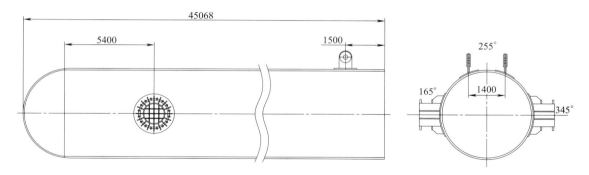

图 9-3　渣油制氢联合装置变换气洗涤塔（上段）吊耳方位

渣油制氢联合装置变换气洗涤塔（上段）主吊配备 1 根支撑式平衡梁，吊钩与吊耳之间采用 1 对 $\phi120mm\times30m$ 的钢丝绳连接，吊钩与平衡梁之间采用 1 对 $\phi52mm\times10m$ 的钢丝绳和 2 个 55t 级卸扣连接；抬尾采用 1 对 $\phi90mm\times20m$ 的钢丝绳，通过 2 个 150t 级卸扣与抬尾吊耳连接。

（2）溶剂抽提塔吊耳及索具设置

渣油制氢联合装置溶剂抽提塔主吊采用 1 对 AXC-175 型管轴式吊耳，设置在封头切线向下 3600mm 处，方位为 45°和 225°；抬尾采用 2 个 AP-50 型板式吊耳，设置在裙座处，方位为 135°。渣油制氢联合装置溶剂抽提塔吊耳方位见图 9-4。

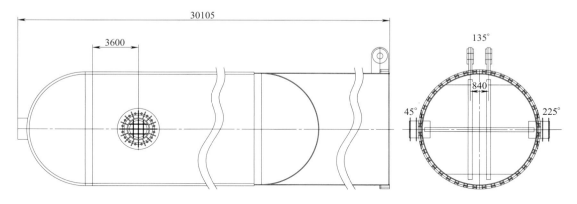

图 9-4　渣油制氢联合装置溶剂抽提塔吊耳方位

渣油制氢联合装置溶剂抽提塔主吊配备 1 根支撑式平衡梁，吊钩与吊耳之间采用 1 对 $\phi120mm\times40m$ 的钢丝绳连接，吊钩与平衡梁之间采用 1 对 $\phi52mm\times10m$ 的钢丝绳和 2 个 35t 级卸扣连接；抬尾采用 1 对 $\phi72mm\times18m$ 的钢丝绳，通过 2 个 85t 级卸扣与抬尾吊耳连接。

（3）气化炉吊耳及索具设置

渣油制氢联合装置气化炉主吊采用 1 个 DG-350 型吊盖式吊耳，与顶部法兰口连接；抬尾采用 2 个 AP-100 型板式吊耳，设置在底部向上 3175mm 处，方位为 45°。渣油制氢联合装置气化炉吊耳方位见图 9-5。

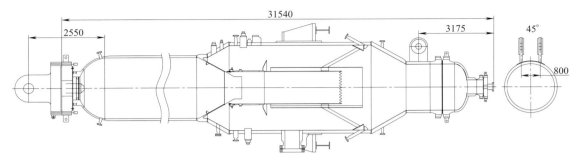

图 9-5　渣油制氢联合装置气化炉吊耳方位

　　渣油制氢联合装置气化炉主吊采用 1 对 ϕ120mm×40m 的钢丝绳，通过 1 个 1000t 级卸扣与主吊耳连接；抬尾采用 1 对 ϕ90mm×20m 的钢丝绳，通过 2 个 120t 级卸扣与抬尾吊耳连接。

　　（4）　H_2S 浓缩塔吊耳及索具设置

　　渣油制氢联合装置 H_2S 浓缩塔（下段）主吊采用 1 对 AXC-150 型管轴式吊耳，设置在顶部向下 5000mm 处，方位为 270°和 90°；抬尾采用 2 个 AP-75 型板式吊耳，设置在裙座处，方位为 0°。渣油制氢联合装置 H_2S 浓缩塔（下段）吊耳方位见图 9-6。

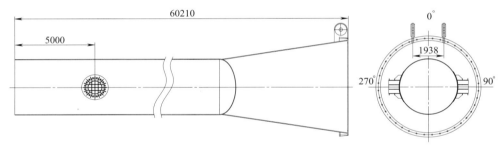

图 9-6　渣油制氢联合装置 H_2S 浓缩塔（下段）吊耳方位

　　渣油制氢联合装置 H_2S 浓缩塔（下段）主吊配备 1 根支撑式平衡梁，吊钩与吊耳之间采用 1 对 ϕ120mm×40m 的钢丝绳连接，吊钩与平衡梁之间采用 1 对 ϕ52mm×12m 的钢丝绳和 2 个 35t 级卸扣连接；抬尾采用 1 对 ϕ90mm×20m 的钢丝绳，通过 2 个 150t 级卸扣与抬尾吊耳连接。

　　渣油制氢联合装置 H_2S 浓缩塔（上段）主吊采用 1 对 AXC-100 型管轴式吊耳，设置在封头切线向下 4000mm 处，方位为 270°和 90°；抬尾采用 2 个 AP-50 型板式吊耳，设置在底部分段位置向上 1500mm 处，方位为 0°。渣油制氢联合装置 H_2S 浓缩塔（上段）吊耳方位见图 9-7。

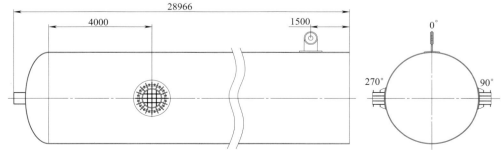

图 9-7　渣油制氢联合装置 H_2S 浓缩塔（上段）吊耳方位

渣油制氢联合装置 H₂S 浓缩塔（上段）主吊配备 1 根支撑式平衡梁，吊钩与吊耳之间采用 1 对 $\phi72\text{mm}\times28\text{m}$ 的钢丝绳连接，吊钩与平衡梁之间采用 1 对 $\phi65\text{mm}\times6\text{m}$ 的钢丝绳和 2 个 35t 级卸扣连接；抬尾采用 1 对 $\phi72\text{mm}\times18\text{m}$ 的钢丝绳，通过 2 个 85t 级卸扣与抬尾吊耳连接。

（5）超高压氮气缓冲罐吊耳及索具设置

渣油制氢联合装置超高压氮气缓冲罐主吊采用 1 对 AXC-125 型管轴式吊耳，设置在封头切线向下 1500mm 处，方位为 45°和 225°；抬尾采用 2 个 AP-50 型板式吊耳，设置在裙座处，方位为 135°。渣油制氢联合装置超高压氮气缓冲罐吊耳方位见图 9-8。

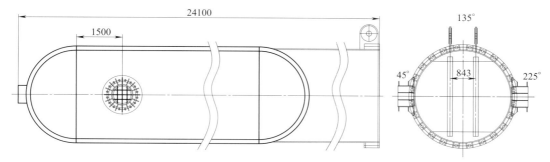

图 9-8　渣油制氢联合装置超高压氮气缓冲罐吊耳方位

渣油制氢联合装置超高压氮气缓冲罐主吊配备 1 根支撑式平衡梁，吊钩与吊耳之间采用 1 对 $\phi120\text{mm}\times40\text{m}$ 的钢丝绳连接，吊钩与平衡梁之间采用 1 对 $\phi52\text{mm}\times10\text{m}$ 的钢丝绳和 2 个 35t 级卸扣连接；抬尾采用 1 对 $\phi72\text{mm}\times18\text{m}$ 的钢丝绳，通过 2 个 85t 级卸扣与抬尾吊耳连接。

9.3　施工掠影

渣油制氢联合装置变换气洗涤塔、气化炉吊装见图 9-9、图 9-10。

图 9-9　渣油制氢联合装置变换气洗涤塔吊装

图 9-10　渣油制氢联合装置气化炉吊装

10.1 典型设备介绍

300 万 t/a 催化裂化联合装置包含 300 万 t/a 催化裂化装置、70 万 t/a 气体分馏装置，有净质量大于等于 200t 的典型设备 11 台，其参数见表 10-1。

表 10-1　300 万 t/a 催化裂化联合装置典型设备参数

序号	设备名称	设备规格（直径×高）/mm×mm	安装标高/mm	设备本体质量/t	预焊件质量/t	附属设施质量/t	设备总质量/t	数量/台
1	丙烯塔（2）	$\phi7000/\phi6000\times84860$	200	608.0	32.0	156.0	796.0	1
2	丙烯塔（1）	$\phi7000/\phi6000\times84860$	200	608.0	32.0	96.0	736.0	1
3	再生器（下段）	$\phi9500/\phi15500\times41747$	7500	613.0	4.0	16.0	633.0	1
4	再生器（封头）	$SR7750$	46122	160.0	2.5	340.0	502.5	
5	洗涤塔（下段）	$\phi8000\times46250$	200	405.0	2.5	19.0	426.5	1
6	洗涤塔（上段）	$\phi4000\times53450$	46450	81.9	1.5	23.9	107.3	
7	分馏塔	$\phi7000\times56550$	200	298.1	18.0	96.8	412.9	1
8	反应沉降器（下段）	$\phi4600/\phi7600\times47900$	49600	300.0	2.5	20.0	322.5	1
9	反应沉降器（封头）	$SR3800$	67900	49.2	0.8		50.0	
10	解吸塔	$\phi4600\times50380$	200	216.6	11.4	92.0	320.0	1
11	稳定塔	$\phi4600/\phi4200\times57222$	200	229.0	5.0	82.0	316.0	1
12	第三级旋风分离器（旋分段）	$\phi9100\times22225$	30020	57.0	2.5	170.0	229.5	1
13	外取热器 B（壳体）	$\phi3700\times19985$	23200	113.0	0.8		113.8	1
14	外取热器 B（管束）	$\phi2650\times20180$	23200	79.0	0.6		79.6	
15	外取热器 A（壳体）	$\phi3600\times16547$	23200	85.0	0.8		85.8	
16	外取热器 A（管束一）	$\phi2650\times17770$	23200	95.0	0.8		95.8	1
17	外取热器 A（管束二）	$\phi2650\times16359$	23200	52.0	0.8		52.8	

10.2 吊装方案设计

10.2.1 吊装工艺选择

针对该装置 11 台典型设备的参数、空间布置和现场施工资源总体配置计划，吊装方案设计时预计投入 XGC88000 型 4000t 级履带式起重机 1 台、ZCC12500 型 1250t 级履带式起重机 1 台、XGC12000 型 800t 级履带式起重机 1 台、SCC4000A-2 型 400t 级履带式起重机 1 台、QUY280 型 280t 级履带式起重机 1 台、QY160 型 160t 级汽车式起重机 1 台完成所有吊装工作，吊装布局见图 10-1。

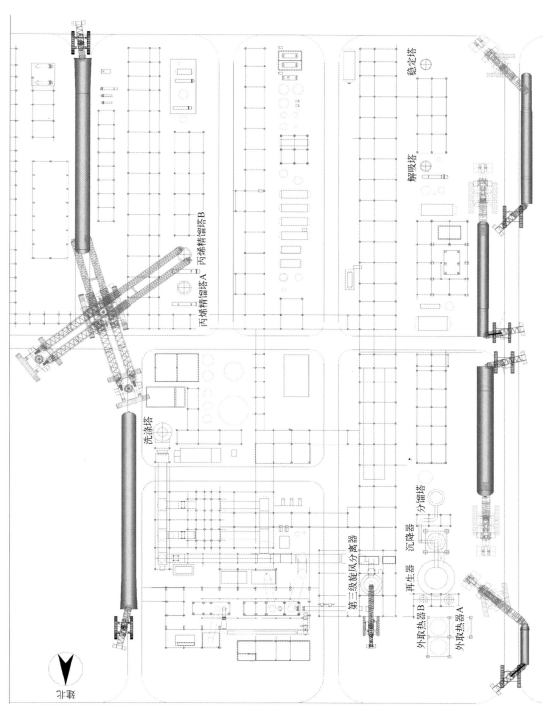

图 10-1　300 万 t/a 催化裂化联合装置吊装布局

稳定塔

解吸塔

丙烯精馏塔 A　丙烯精馏塔 B

沉降塔

沉降器　"分馏塔

再生器

第三级旋风分离器

外取热器 B

外取热器 A

北

① 丙烯塔（1）、丙烯塔（2）采用 XGC88000 型 4000t 级履带式起重机主吊，SCC4000A-2 型 400t 级履带式起重机抬尾，通过"单机提吊递送法"吊装；

② 再生器（下段）、洗涤塔（下段）、洗涤塔（上段）、分馏塔、反应沉降器（下段）、外取热器 B（壳体）、外取热器 B（管束）、外取热器 A（壳体）、外取热器 A（管束一）、外取热器 A（管束二）采用 ZCC12500 型 1250t 级履带式起重机主吊，XGC12000 型 800t 级履带式起重机、SCC4000A-2 型 400t 级履带式起重机、QUY280 型 280t 级履带式起重机、QY160 型 160t 级汽车式起重机抬尾，通过"单机提吊递送法"吊装；

③ 再生器（封头）采用 ZCC12500 型 1250t 级履带式起重机，通过"单机提吊旋转法"吊装；

④ 解吸塔、稳定塔采用 XGC12000 型 800t 级履带式起重机主吊，QUY280 型 280t 级履带式起重机抬尾，通过"单机提吊递送法"吊装；

⑤ 反应沉降器（封头）、第三级旋风分离器（旋分段）采用 XGC12000 型 800t 级履带式起重机，通过"单机提吊旋转法"吊装。

10.2.2 吊装参数设计

根据选用的吊装工艺和起重机械的性能参数确定 11 台设备的吊装参数，见表 10-2。

表 10-2 300 万 t/a 催化裂化联合装置典型设备吊装参数

序号	设备名称	计算质量/t	索具质量/t	吊装质量/t	主/副起重机吨级	臂杆长度/m	作业半径/m	额定载荷/t	最大负载率
1	丙烯塔（1）	736.0	116.2	937.4	4000t	120	29.0	1320.0	71.02%
		330.0	18.0	382.8	400t	48	9.0	400.0	95.70%
2	丙烯塔（2）	796.0	116.2	1003.4	4000t	120	42.0	1180.0	85.04%
		337.0	18.0	390.5	400t	48	9.0	400.0	97.63%
3	再生器（下段）	633.0	55.4	757.2	1250t	84	16.0	761.0	99.51%
		300.0	29.2	362.1	800t	48	10.0	523.0	69.24%
4	再生器（封头）	502.5	31.5	587.4	1250t	120	24.0	600.0	97.90%
5	洗涤塔（下段）	426.5	31.0	503.3	1250t	90	22.0	522.0	96.41%
		192.0	9.9	222.1	400t	60	10.0	274.0	81.05%
6	洗涤塔（上段）	107.3	25.5	146.1	1250t	120	22.0	183.0	79.83%
		46.0	2.8	53.7	160t	17.9	8.0	66.0	81.33%
7	分馏塔	412.9	33.3	490.8	1250t	78	22.0	577.0	85.06%
		168.0	9.0	194.7	280t	24	7.0	210.0	92.71%
8	反应沉降器（下段）	322.5	32.3	390.3	1250t	120	30.0	405.0	96.37%
		150.0	6.0	171.6	280t	27	7.0	188.2	91.18%
9	反应沉降器（封头）	50.0	21.0	78.1	800t	93	30.0	120.0	65.08%
10	解吸塔	320.0	24.3	378.7	800t	78	22.0	391.0	96.86%
		126.0	8.6	148.1	280t	30	8.0	165.7	89.35%
11	稳定塔	316.0	24.3	374.3	800t	78	18.0	381.0	98.25%
		131.0	8.9	153.9	280t	30	8.0	165.7	92.87%

续表

序号	设备名称	计算质量/t	索具质量/t	吊装质量/t	主/副起重机吨级	臂杆长度/m	作业半径/m	额定载荷/t	最大负载率
12	第三级旋风分离器（旋分段）	229.5	16.3	270.4	800t	96	32.0	275.0	98.32%
13	外取热器 B(壳体)	113.8	40.2	169.4	1250t	96	30.0	209.0	81.05%
		50.0	6.8	62.5	280t	30	8.0	165.7	37.71%
14	外取热器 B(管束)	79.6	40.2	131.8	1250t	96	30.0	137.0	96.19%
		30.0	6.3	39.9	280t	30	8.0	165.7	24.10%
15	外取热器 A(壳体)	85.8	45.5	144.4	1250t	96	19.0	246.0	58.71%
		40.0	6.3	50.9	280t	30	8.0	165.7	30.74%
16	外取热器 A(管束一)	95.8	40.2	149.4	1250t	96	19.0	246.0	60.81%
		40.0	6.3	50.9	280t	30	8.0	165.7	30.74%
17	外取热器 A(管束二)	52.8	40.2	102.3	1250t	96	19.0	246.0	41.59%
		22.0	6.3	31.1	280t	30	8.0	165.7	18.79%

10.2.3　吊耳及索具设置

（1）丙烯塔（1）吊耳及索具设置

300 万 t/a 催化裂化联合装置丙烯塔（1）主吊采用 1 对 AXC-400 型管轴式吊耳，设置在顶部接管切面向下 7090mm 处，方位为 67.5°和 247.5°；抬尾采用 2 个 AP-200 型板式吊耳，设置在裙座处，方位为 157.5°。300 万 t/a 催化裂化联合装置丙烯塔（1）吊耳方位见图 10-2。

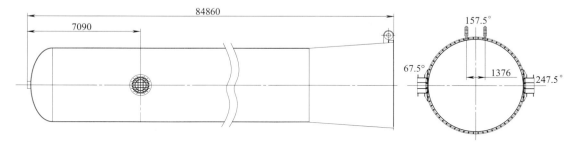

图 10-2　300 万 t/a 催化裂化联合装置丙烯塔（1）吊耳方位

300 万 t/a 催化裂化联合装置丙烯塔（1）主吊配备 1 根支撑式平衡梁，吊钩与吊耳之间采用 1 对 ϕ204mm×52m 的钢丝绳连接，吊钩与平衡梁之间采用 1 对 ϕ76mm×16m 的钢丝绳和 2 个 85t 级卸扣连接；抬尾采用 1 对 ϕ90mm×20m 的钢丝绳（单根对折使用），通过 2 个 200t 级卸扣与抬尾吊耳连接。

（2）丙烯塔（2）吊耳及索具设置

300 万 t/a 催化裂化联合装置丙烯塔（2）主吊采用 1 对 AXC-400 型管轴式吊耳，设置在顶部接管切面向下 7090mm 处，方位为 67.5°和 247.5°；抬尾采用 2 个 AP-200 型板式吊耳，设置在裙座处，方位在 157.5°。300 万 t/a 催化裂化联合装置丙烯塔（2）吊耳方位见图 10-3。

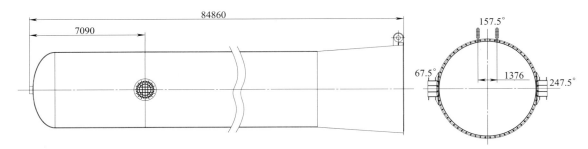

图 10-3　300 万 t/a 催化裂化联合装置丙烯塔（2）吊耳方位

300 万 t/a 催化裂化联合装置丙烯塔（2）主吊配备 1 根支撑式平衡梁，吊钩与吊耳之间采用 1 对 $\phi204\text{mm}\times52\text{m}$ 的钢丝绳连接，吊钩与平衡梁之间采用 1 对 $\phi76\text{mm}\times16\text{m}$ 的钢丝绳和 2 个 85t 级卸扣连接；抬尾采用 1 对 $\phi90\text{mm}\times20\text{m}$ 的钢丝绳（单根对折使用），通过 2 个 200t 级卸扣与抬尾吊耳连接。

（3）再生器吊耳及索具设置

300 万 t/a 催化裂化联合装置再生器（下段）主吊采用 1 对 AXC-350 型管轴式吊耳，设置在分段位置向下 2800mm 处，方位为 60°和 240°；抬尾采用 2 个 AP-200 型板式吊耳，设置在底部向上 3300mm 处，方位为 150°。300 万 t/a 催化裂化联合装置再生器（下段）吊耳方位见图 10-4。

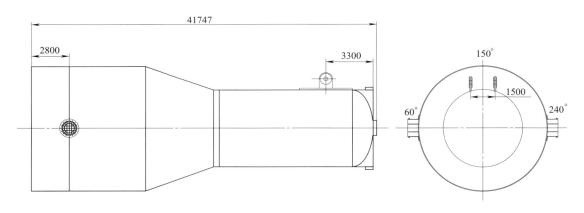

图 10-4　300 万 t/a 催化裂化联合装置再生器（下段）吊耳方位

300 万 t/a 催化裂化联合装置再生器（下段）主吊配备 1 根支撑式平衡梁，吊钩与吊耳之间采用 1 对 $\phi204\text{mm}\times52\text{m}$ 的钢丝绳连接，吊钩与平衡梁之间采用 1 对 $\phi77.5\text{mm}\times24\text{m}$ 的钢丝绳和 2 个 55t 级卸扣连接；抬尾采用 1 对 $\phi90\text{mm}\times20\text{m}$ 的钢丝绳（单根对折使用），通过 2 个 200t 级卸扣与抬尾吊耳连接。

300 万 t/a 催化裂化联合装置再生器（封头）吊装时采用 4 个 TP-150 型板式吊耳，设置在顶部接管切面向下 5382mm 处，方位为 0°和 180°。300 万 t/a 催化裂化联合装置再生器（封头）吊耳方位见图 10-5。

300 万 t/a 催化裂化联合装置再生器（封头）吊装时采用 1 对 $\phi120\text{mm}\times24\text{m}$ 的钢丝绳（单根对折使用），通过 4 个 200t 级卸扣与吊耳连接。

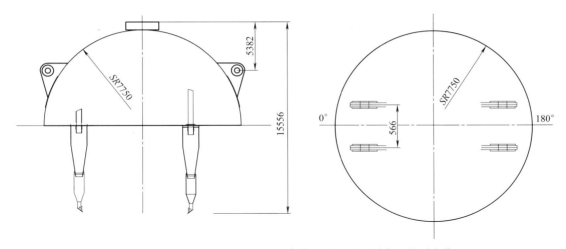

图 10-5　300 万 t/a 催化裂化联合装置再生器（封头）吊耳方位

（4）洗涤塔吊耳及索具设置

300 万 t/a 催化裂化联合装置洗涤塔（下段）主吊采用 1 对 AXC-225 型管轴式吊耳，设置在锥段下截面向下 2500mm 处，方位为 0°和 180°；抬尾采用 2 个 AP-100 型板式吊耳，设置在裙座处，方位为 90°。300 万 t/a 催化裂化联合装置洗涤塔（下段）吊耳方位见图 10-6。

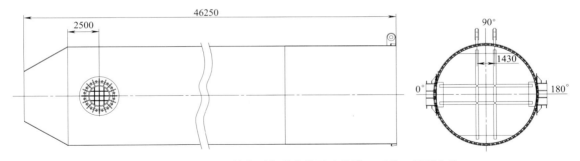

图 10-6　300 万 t/a 催化裂化联合装置洗涤塔（下段）吊耳方位

300 万 t/a 催化裂化联合装置洗涤塔（下段）主吊配备 1 根支撑式平衡梁，吊钩与吊耳之间采用 1 对 ϕ120mm×48m 的钢丝绳连接，吊钩与平衡梁之间采用 1 对 ϕ56mm×15m 的钢丝绳和 2 个 120t 级卸扣连接；抬尾采用 1 对 ϕ90mm×20m 的钢丝绳（单根对折使用），通过 2 个 120t 级卸扣与抬尾吊耳连接。

300 万 t/a 催化裂化联合装置洗涤塔（上段）主吊采用 1 对 AXC-75 型管轴式吊耳，设置在顶部向下 9051mm 处，方位为 0°和 180°；抬尾采用 1 个 AP-50 型板式吊耳，设置在底部分段位置向上 1000mm 处，方位为 90°。300 万 t/a 催化裂化联合装置洗涤塔（上段）吊耳方位见图 10-7。

300 万 t/a 催化裂化联合装置洗涤塔（下段）主吊配备 1 根支撑式平衡梁，吊钩与吊耳之间采用 1 对 ϕ110mm×36m 的钢丝绳连接，吊钩与平衡梁之间采用 1 对 ϕ65mm×6m 的钢丝绳和 2 个 35t 级卸扣固定；抬尾采用 1 对 ϕ56mm×10m 的钢丝绳（单根对折使用），通过 1 个 55t 级卸扣与抬尾吊耳连接。

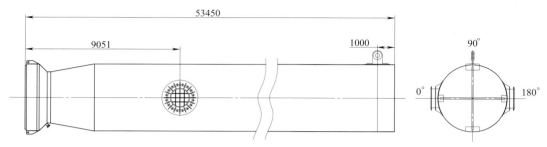

图 10-7　300 万 t/a 催化裂化联合装置洗涤塔（上段）吊耳方位

（5）分馏塔吊耳及索具设置

300 万 t/a 催化裂化联合装置分馏塔主吊采用 1 对 AXC-225 型管轴式吊耳，设置在上封头切线向下 5000mm 处，方位为 287°和 107°；抬尾采用 2 个 AP-100 型板式吊耳，设置在裙座处，方位为 17°。300 万 t/a 催化裂化联合装置分馏塔吊耳方位见图 10-8。

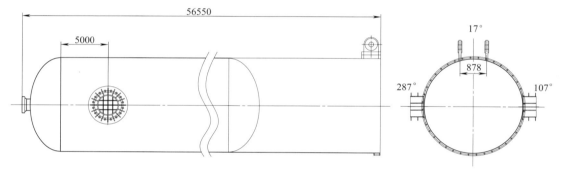

图 10-8　300 万 t/a 催化裂化联合装置分馏塔吊耳方位

300 万 t/a 催化裂化联合装置分馏塔主吊配备 1 根支撑式平衡梁，吊钩与吊耳之间采用 1 对 φ110mm×36m 的钢丝绳连接，吊钩与平衡梁之间采用 1 对 φ90mm×20m 的钢丝绳和 2 个 85t 级卸扣连接；抬尾采用 1 对 φ64mm×24m 的钢丝绳（单根对折使用），通过 2 个 120t 级卸扣与抬尾吊耳连接。

（6）反应沉降器吊耳及索具设置

300 万 t/a 催化裂化联合装置反应沉降器（下段）主吊采用 1 对 AXC-175 型管轴式吊耳，设置在分段位置向下 2000mm 处，方位为 330°和 150°；抬尾采用 2 个 AP-100 型板式吊耳，设置在设备底部向上 5300mm 处，方位为 60°。300 万 t/a 催化裂化联合装置反应沉降器（下段）吊耳方位见图 10-9。

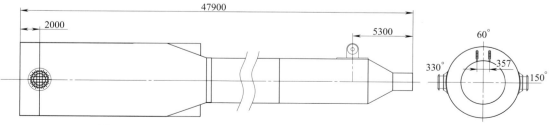

图 10-9　300 万 t/a 催化裂化联合装置反应沉降器（下段）吊耳方位

300 万 t/a 催化裂化联合装置反应沉降器（下段）主吊配备 1 根支撑式平衡梁，吊钩与吊耳之间采用 1 对 φ168mm×28m 的钢丝绳连接，吊钩与平衡梁之间采用 1 对 φ65mm×6m 的钢丝绳和 2 个 35t 级卸扣连接；抬尾采用 1 对 φ72mm×18m 的钢丝绳（单根对折使用），通过 2 个 120t 级卸扣与抬尾吊耳连接。

300 万 t/a 催化裂化联合装置反应沉降器（封头）吊装时采用 4 个 TP-20 型顶板式吊耳，设置在封头切线向上 2000mm 处，方位为 0°和 180°。300 万 t/a 催化裂化联合装置反应沉降器（封头）吊耳方位见图 10-10。

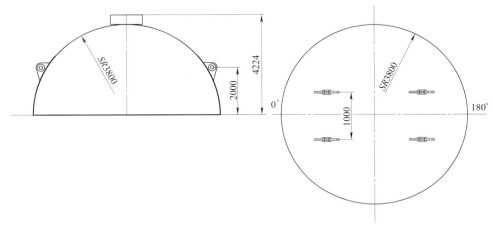

图 10-10　300 万 t/a 催化裂化联合装置反应沉降器（封头）吊耳方位

300 万 t/a 催化裂化联合装置沉降器（封头）吊装时采用 2 根 φ56mm×14m 的钢丝绳（单根对折使用），通过 4 个 55t 级卸扣与吊耳连接。

（7）解吸塔吊耳及索具设置

300 万 t/a 催化裂化联合装置解吸塔主吊采用 1 对 AXC-175 型管轴式吊耳，设置在顶部接管切面向下 5390mm 处，方位为 30°和 210°；抬尾采用 2 个 AP-75 型板式吊耳，设置在裙座处，方位为 120°。300 万 t/a 催化裂化联合装置解吸塔吊耳方位见图 10-11。

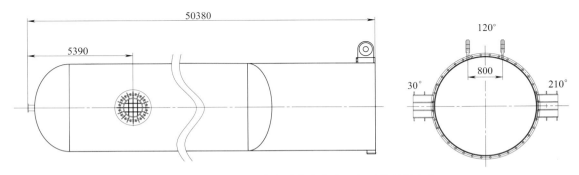

图 10-11　300 万 t/a 催化裂化联合装置解吸塔吊耳方位

300 万 t/a 催化裂化联合装置解吸塔主吊配备 1 根支撑式平衡梁，吊钩与吊耳之间采用 1 对 φ110mm×36m 的钢丝绳连接，吊钩与平衡梁之间采用 1 对 φ48mm×8m 的钢丝绳和 2 个 85t 级卸扣连接；抬尾采用 1 对 φ72mm×18m 的钢丝绳（单根对折使用），通过 2 个 85t 级卸扣与抬尾吊耳连接。

（8）稳定塔吊耳及索具设置

300 万 t/a 催化裂化联合装置稳定塔主吊采用 1 对 AXC-175 型管轴式吊耳，设置在顶部接管切面向下 5000mm 处，方位为 354°和 174°；抬尾采用 2 个 AP-75 型板式吊耳，设置在裙座处，方位为 84°。300 万 t/a 催化裂化联合装置稳定塔吊耳方位见图 10-12。

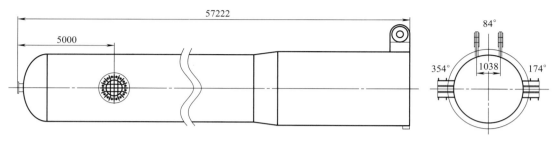

图 10-12　300 万 t/a 催化裂化联合装置稳定塔吊耳方位

300 万 t/a 催化裂化联合装置稳定塔主吊配备 1 根支撑式平衡梁，吊钩与吊耳之间采用 1 对 φ110mm×36m 的钢丝绳连接，吊钩与平衡梁之间采用 1 对 φ48mm×8m 的钢丝绳和 2 个 85t 级卸扣连接；抬尾采用 1 对 φ72mm×18m 的钢丝绳（单根对折使用），通过 2 个 85t 级卸扣与抬尾吊耳连接。

（9）第三级旋风分离器（旋分段）吊耳及索具设置

300 万 t/a 催化裂化联合装置第三级旋风分离器（旋分段）吊装时采用 4 个 TP-60 型板式吊耳，设置在壳体底部向上 3708mm 处，方位为 0°、90°、180°和 270°。300 万 t/a 催化裂化联合装置第三级旋风分离器（旋分段）吊耳方位见图 10-13。

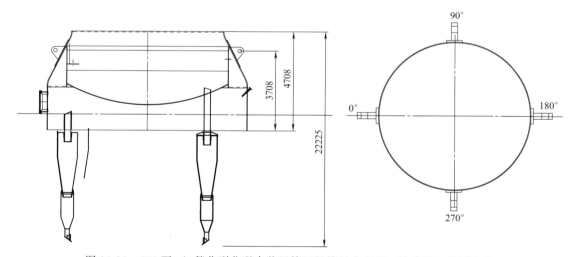

图 10-13　300 万 t/a 催化裂化联合装置第三级旋风分离器（旋分段）吊耳方位

300 万 t/a 催化裂化联合装置第三级旋风分离器（旋分段）吊装时采用 1 对 φ110mm×36m 的压制钢丝绳，通过 4 个 85t 级卸扣与吊耳连接。

（10）外取热器 B 吊耳及索具设置

300 万 t/a 催化裂化联合装置外取热器 B（壳体）主吊采用 1 对 AXC-75 型管轴式吊耳，设置在上法兰面向下 1845mm 处，方位为 0°和 180°；抬尾采用 2 个 AP-50 型板式吊耳，设置在底封头切线向上 300mm 处，方位为 90°。300 万 t/a 催化裂化联合装置外取热器 B（壳体）吊耳方位见图 10-14。

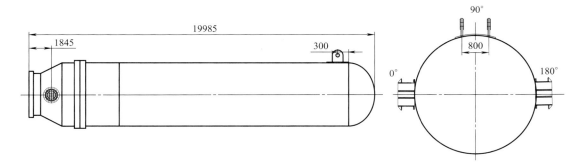

图 10-14　300 万 t/a 催化裂化联合装置外取热器 B（壳体）吊耳方位

　　300 万 t/a 催化裂化联合装置外取热器 B（壳体）主吊采用 1 对 ϕ72mm×24m 的钢丝绳（单根对折使用）直接与主吊耳连接；抬尾采用 1 对 ϕ72mm×18m 的钢丝绳（单根对折使用），通过 2 个 85t 级卸扣与抬尾吊耳连接。

　　300 万 t/a 催化裂化联合装置外取热器 B（管束）主吊采用 1 对 AXC-50 型侧壁式吊耳，设置在封头上，方位为 0°和 180°；抬尾采用工装上的 1 对 AP-35 型板式吊耳，方位为 90°。300 万 t/a 催化裂化联合装置外取热器 B（管束）吊耳方位见图 10-15。

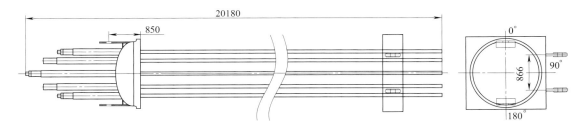

图 10-15　300 万 t/a 催化裂化联合装置外取热器 B（管束）吊耳方位

　　300 万 t/a 催化裂化联合装置外取热器 B（管束）主吊采用 1 对 ϕ72mm×24m 的钢丝绳（单根对折使用），通过 2 个 55t 级卸扣与主吊耳连接；抬尾采用 1 对 ϕ72mm×18m 的钢丝绳（单根对折使用），通过 2 个 35t 级卸扣与抬尾吊耳连接。

　　（11）外取热器 A 吊耳及索具设置

　　300 万 t/a 催化裂化联合装置外取热器 A（壳体）主吊采用 1 对 AXC-50 型管轴式吊耳，设置在上法兰面向下 630mm 处，方位为 150°和 330°；抬尾采用 2 个 AP-25 型板式吊耳，设置在下封头切线向下 400mm 处，方位为 240°。300 万 t/a 催化裂化联合装置外取热器 A（壳体）吊耳方位见图 10-16。

　　300 万 t/a 催化裂化联合装置外取热器 A（壳体）主吊配备 1 根支撑式平衡梁，吊钩与吊耳之间采用 1 对 ϕ72mm×24m 的钢丝绳连接，吊钩与平衡梁之间采用 1 对 ϕ36mm×12m 的钢丝绳和 2 个 25t 级卸扣连接；抬尾采用 1 对 ϕ72mm×18m 的钢丝绳（单根对折使用），通过 2 个 55t 级卸扣与抬尾吊耳连接。

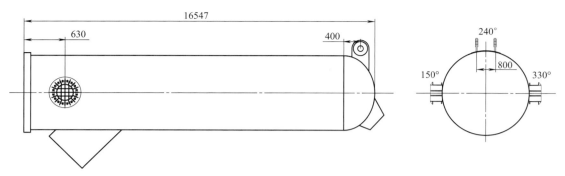

图 10-16　300 万 t/a 催化裂化联合装置外取热器 A（壳体）吊耳方位

　　300 万 t/a 催化裂化联合装置外取热器 A（管束一）主吊采用 1 对 AXC-50 型管轴式吊耳，设置在上法兰面向下 450mm 处，方位为 60°和 240°；抬尾采用工装上的 1 对 AP-35 型板式吊耳，方位为 150°。300 万 t/a 催化裂化联合装置外取热器 A（管束一）吊耳方位见图 10-17。

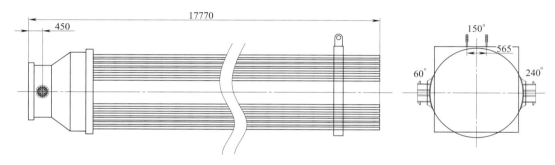

图 10-17　300 万 t/a 催化裂化联合装置外取热器 A（管束一）吊耳方位

　　300 万 t/a 催化裂化联合装置外取热器 A（管束一）主吊采用 1 对 $\phi72mm \times 24m$ 的钢丝绳（单根对折使用）直接与主吊耳连接；抬尾采用 1 对 $\phi72mm \times 18m$ 的钢丝绳，通过 2 个 35t 级卸扣与抬尾吊耳连接。

　　300 万 t/a 催化裂化联合装置外取热器 A（管束二）主吊采用 1 对 AXC-50 型侧壁式吊耳，设置在上封头法兰面切线向下 700mm 处，方位为 133°和 313°；抬尾采用工装上的 1 对 AP-35 型板式吊耳，方位为 223°。300 万 t/a 催化裂化联合装置外取热器 A（管束二）吊耳方位见图 10-18。

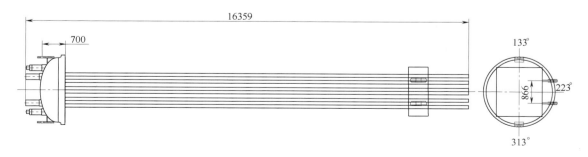

图 10-18　300 万 t/a 催化裂化联合装置外取热器 A（管束二）吊耳方位

300 万 t/a 催化裂化联合装置外取热器 A（管束二）主吊采用 1 对 ϕ72mm×24m 的钢丝绳（单根对折使用），通过 2 个 85t 级卸扣与主吊耳连接；抬尾采用 1 对 ϕ72mm×18m 的钢丝绳，通过 2 个 35t 级卸扣与抬尾吊耳连接。

10.3　施工掠影

300 万 t/a 催化裂化联合装置丙烯塔（1）、洗涤塔、再生器（下段）吊装见图 10-19～图 10-22。

图 10-19　300 万 t/a 催化裂化
联合装置丙烯塔（1）吊装

图 10-20　300 万 t/a 催化裂化
联合装置洗涤塔吊装

图 10-21　300 万 t/a 催化裂化联合装置
再生器（下段）吊装（1）

图 10-22　300 万 t/a 催化裂化联合装置
再生器（下段）吊装（2）

第**11**章

催化裂解联合装置

11.1 典型设备介绍

400 万 t/a 催化裂解联合装置包含 400 万 t/a 催化裂解装置、160 万 t/a 气体分馏装置、65 万 t/a 碳二回收装置，有净质量大于等于 200t 的典型设备 25 台，其参数见表 11-1。

表 11-1 400 万 t/a 催化裂解联合装置典型设备参数

序号	设备名称	设备规格（直径×高）/mm×mm	安装标高/mm	设备本体质量/t	预焊件质量/t	附属设施质量/t	设备总质量/t	数量/台
1	再生器床层/烧焦罐（第 1 段）	φ12800×26894	11000	529.0	28.0	32.4	589.4	1
2	再生器床层/烧焦罐（第 2 段）	φ12800/φ21000×11878	37894	450.0	22.0	80.0	552.0	
3	再生器床层/烧焦罐（第 3 段）	φ21000×15310	48900	533.0	24.0	32.4	589.4	
4	再生器床层/烧焦罐（封头）	SR10500	64111	1120.6	40.0	39.4	1200.0	
5	分馏塔	φ11000×58400	12500	836.0	44.0	290.7	1170.7	1
6	稳定塔	φ8400/φ6600×77050	200	872.0	40.0	111.0	1023.0	1
7	反应沉降器（第 1 段）	φ7240/φ13840×25574	44300	326.4	17.0	64.6	408.0	
8	反应沉降器（第 2 段）	φ13550/φ18000×19100	54909	438.8	19.0	25.0	482.8	1
9	反应沉降器（封头）	SR9000	74295	885.9	46.7	37.4	970.0	
10	脱吸塔	φ7000×62580	200	600.6	32.0	142.0	774.6	1
11	烟气脱硫塔（下段）	φ8500×48200	200	362.9	19.0	140.9	522.8	
12	烟气脱硫塔（上段）	φ4500×50600	48400	92.3	5.0	32.1	129.4	1
13	废催化剂罐	φ9000×41118	12000	487.0	2.7	6.5	496.2	1
14	热催化剂罐 A	φ9000×41118	12000	487.0	2.7	6.5	496.2	1
15	热催化剂罐 B	φ9000×41118	12000	487.0	2.7	6.5	496.2	1
16	吸收塔	φ5500×59700	200	361.0	19.0	80.0	460.0	1
17	第三级旋风分离器（封头）	φ12800×16646	34745	410.9	10.0	2.4	423.3	1
18	回炼油缓冲罐（同轴）	φ7000×45900	12000	307.8	12.0	61.0	380.8	1
19	冷催化剂罐	φ8000×39725	12000	320.7	2.7	5.2	328.6	1

续表

序号	设备名称	设备规格(直径×高)/mm×m	安装标高/mm	设备本体质量/t	预焊件质量/t	附属设施质量/t	设备总质量/t	数量/台
20	降压孔板室(竖直段)	$\phi5500\times31870$	200	300.0	4.0	4.5	308.5	1
21	降压孔板室(水平段)	$\phi5500\times28050$	14720	318.0			318.0	
22	气压机出口油气分离器	$\phi7200\times21850$	10000	215.0			215.0	1
23	再吸收塔	$\phi4600\times40045$	200	153.4	5.0	53.8	212.2	1
24	外取热器(壳体)	$\phi2600\times26101$	28000	102.2	0.8	3.2	106.2	
25	外取热器(管束)	$\phi1112\times23598$	28000	43.3	0.5	2.8	46.6	1
26	丙烯塔Ⅱ(1)	$\phi7800\times85100$	200	968.0	60.0	220.0	1248.0	1
27	丙烯塔Ⅰ(2)	$\phi7800\times85000$	200	960.0	55.0	200.0	1215.0	1
28	丙烯塔Ⅱ(2)	$\phi7800\times85000$	200	960.0	55.0	200.0	1215.0	1
29	丙烯塔Ⅰ(1)	$\phi7800\times85100$	200	968.0	60.0	108.9	1136.9	1
30	脱丙烷塔	$\phi6400/\phi5400\times54400$	200	387.0	21.0	111.0	519.0	1
31	脱乙烷塔	$\phi5000/\phi4000\times46800$	200	275.0	15.0	81.4	371.4	1
32	碳四吸收塔	$\phi4800/\phi3800\times70150$	200	428.1		66.8	494.9	1
33	碳四解吸塔	$\phi5000/\phi3400\times53650$	200	320.1		50.8	370.9	1

11.2　吊装方案设计

11.2.1　吊装工艺选择

针对该装置 25 台典型设备的参数、空间布置和现场施工资源总体配置计划，吊装方案设计时预计投入 XGC88000 型 4000t 级履带式起重机 1 台、CC8800-1TWIN 型 3200t 级履带式起重机 1 台、ZCC12500 型 1250t 级履带式起重机 1 台、XGC12000 型 800t 级履带式起重机 1 台、XGC500-1 型 500t 级履带式起重机 1 台、SCC4000A-2 型 400t 级履带式起重机 1 台、QUY280 型 280t 级履带式起重机 1 台、SAC2000 型 200t 级汽车式起重机 1 台、STC750 型 75t 级汽车式起重机 1 台、完成所有吊装工作，吊装布局见图 11-1。

① 丙烯塔Ⅱ(1)、丙烯塔Ⅰ(2)、丙烯塔Ⅱ(2)、丙烯塔Ⅰ(1)、脱丙烷塔、分馏塔、稳定塔、废催化剂罐、热催化剂罐 A、热催化剂罐 B、冷催化剂罐采用 XGC88000 型 4000t 级履带式起重机主吊，ZCC12500 型 1250t 级履带式起重机、XGC12000 型 800t 级履带式起重机、SCC4000A-2 型 400t 级履带式起重机抬尾，通过"单机提吊递送法"吊装；

② 再生器床层/烧焦罐（封头）、反应沉降器（封头）采用 XGC88000 型 4000t 级履带式起重机，通过"单机提吊旋转法"吊装；

③ 脱吸塔、再生器床层/烧焦罐（第 1 段）、反应沉降器（第 1 段）采用 CC8800-

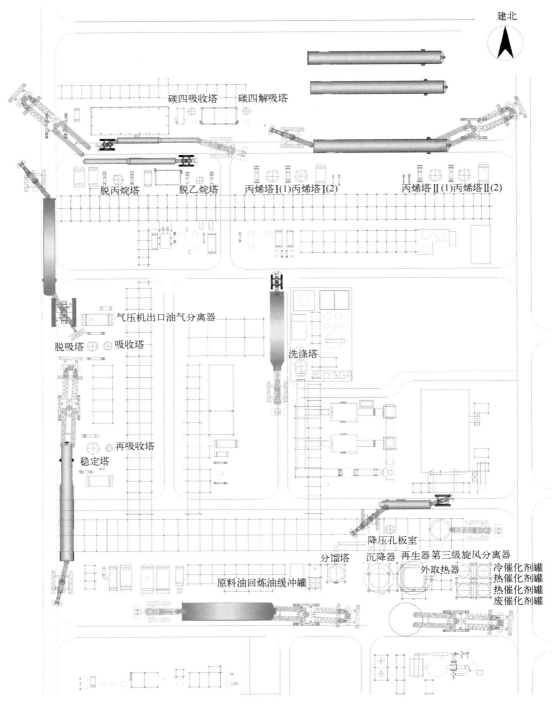

图 11-1　400 万 t/a 催化裂解联合装置吊装布局

1TWIN 型 3200t 级履带式起重机主吊，XGC12000 型 800t 级履带式起重机、SCC4000A-2型 400t 级履带式起重机抬尾，通过"单机提吊递送法"吊装；

④ 再生器床层/烧焦罐（第 2 段）、再生器床层/烧焦罐（第 3 段）、反应沉降器（第 2段）采用 CC8800-1TWIN 型 3200t 级履带式起重机，通过"单机提吊旋转法"吊装；

⑤ 烟气脱硫塔（下段）、烟气脱硫塔（上段）、吸收塔、再吸收塔、回炼油缓冲罐（同轴）、脱乙烷塔碳四吸收塔、碳四解吸塔采用 ZCC12500 型 1250t 级履带式起重机主吊，XGC500-1 型 500t 级履带式起重机、SCC4000A-2 型 400t 级履带式起重机、QUY280 型 280t 级履带式起重机抬尾，通过"单机提吊递送法"吊装；

⑥ 第三级旋风分离器（封头）采用 ZCC12500 型 1250t 级履带式起重机，通过"单机提吊旋转法"吊装；

⑦ 降压孔板室（竖直段）采用 XGC12000 型 800t 级履带式起重机主吊，QUY280 型 280t 级履带式起重机抬尾，通过"单机提吊递送法"吊装；

⑧ 降压孔板室（水平段）采用 XGC12000 型 800t 级履带式起重机，通过"单机提吊旋转法"吊装；

⑨ 外取热器（壳体）、外取热器（管束）采用 XGC500-1 型 500t 级履带式起重机主吊，SAC2000 型 200t 级汽车起重机、STC750 型 75t 级汽车起重机抬尾，通过"单机提吊递送法"吊装；

⑩ 气压机出口油气分离器采用 SCC4000A-2 型 400t 级履带式起重机，通过"单机提吊旋转法"吊装。

11.2.2　吊装参数设计

根据选用的吊装工艺和起重机械的性能参数确定 25 台设备的吊装参数，见表 11-2。

表 11-2　400 万 t/a 催化裂解联合装置典型设备吊装参数

序号	设备名称	计算质量/t	索具质量/t	吊装质量/t	主/副起重机吨级	臂杆长度/m	作业半径/m	额定载荷/t	最大负载率
1	再生器床层/烧焦罐（第 1 段）	589.4	48.8	702.0	3200t	81+42	32.0	878.0	79.96%
		412.0	16.5	471.4	800t	48	14.0	539.0	87.45%
2	再生器床层/烧焦罐（第 2 段）	552.0	53.9	666.5	3200t	81+42	34.0	705.0	94.54%
3	再生器床层/烧焦罐（第 3 段）	589.4	48.8	702.0	3200t	81+42	38.0	716.0	98.05%
4	再生器床层/烧焦罐（封头）	1200.0	175.6	1513.2	4000t	102+33	38.0	1660.0	91.15%
5	分馏塔	1170.7	116.3	1415.7	4000t	120	26.0	1530.0	92.53%
		494.5	49.7	598.6	1250t	90	16.0	661.0	90.56%
6	稳定塔	1023.0	113.4	1250.0	4000t	120	30.0	1300.0	96.16%
		450.8	24.0	522.3	800t	48	14.0	567.0	92.11%
7	反应沉降器（第 1 段）	408.0	91.0	548.9	3200t	81+42	28.0	559.0	98.19%
		208.0	14.6	244.9	400t	60	11.0	348.0	70.36%
8	反应沉降器（第 2 段）	482.8	42.8	578.2	3200t	81+42	30.0	687.0	84.16%
9	反应沉降器（封头）	970.0	136.8	1217.5	4000t	102+33	46.0	1250.0	97.40%
10	脱吸塔	774.6	40.9	897.1	3200t	81+42	28.0	982.0	91.35%
		294.8	30.5	357.8	800t	57	11.0	470.0	76.13%

序号	设备名称	计算质量 /t	索具质量 /t	吊装质量 /t	主/副起重机吨级	臂杆长度 /m	作业半径 /m	额定载荷 /t	最大负载率
11	烟气脱硫塔(下段)	522.8	58.5	639.4	1250t	90	22.0	666.0	96.01%
		231.1	16.7	272.6	400t	54	9.0	312.0	87.37%
12	烟气脱硫塔(上段)	129.4	39.0	185.2	1250t	120	22.0	193.0	95.98%
		57.8	15.4	80.5	400t	54	10.0	207.0	38.90%
13	废催化剂罐	496.2	199.5	765.3	4000t	102+33	30.0	850.0	90.03%
		235.6	15.8	276.5	400t	54	10.0	284.0	97.37%
14	热催化剂罐A	496.2	199.7	765.5	4000t	102+33	40.0	870.0	87.99%
		235.4	15.8	276.3	400t	54	10.0	284.0	97.30%
15	热催化剂罐B	496.2	199.7	765.5	4000t	102+33	28.0	930.0	82.31%
		235.4	15.8	276.3	400t	54	10.0	284.0	97.30%
16	吸收塔	460.0	40.9	551.0	1250t	90	26.0	557.0	98.92%
		209.7	19.2	251.8	400t	48	12.0	285.0	88.35%
17	第三级旋风分离器(封头)	423.3	23.9	491.9	1250t	108	26.0	500.0	98.38%
18	回炼油缓冲罐(同轴)	380.8	46.1	469.6	1250t	108	22.0	479.0	98.04%
		188.5	15.0	223.9	500t	42	10.0	270.0	82.91%
19	冷催化剂罐	328.6	195.3	576.3	4000t	102+33	41.8	680.0	84.75%
		153.9	15.8	186.7	400t	54	10.0	206.0	90.62%
20	降压孔板室(竖直段)	308.5	26.0	368.0	800t	60	14.0	438.0	84.01%
		136.8	6.5	157.6	280t	24	7.0	210.0	75.06%
21	降压孔板室(水平段)	318.0	32.1	385.1	800t	60	12.0	417.0	92.35%
22	气压机出口油气分离器	215.0	25.3	264.3	400t	54	18.0	295.0	89.60%
23	再吸收塔	212.2	23.5	259.3	1250t	78	44.0	278.0	93.26%
		83.6	7.9	100.7	280t	36	8.0	148.3	67.87%
24	外取热器(壳体)	106.2	17.6	136.2	500t	96	24.0	150.0	90.79%
		62.2	3.1	71.8	200t	22.5	8.0	73.5	97.73%
25	外取热器(管束)	46.6	18.0	71.1	500t	96	26.0	71.5	99.38%
		25.5	1.4	29.6	75t	15.59	7.0	30.5	97.02%
26	丙烯塔Ⅱ(1)	1248.0	130.9	1516.8	4000t	120	32.0	1600.0	94.80%
		476.7	31.4	558.9	800t	48	11.0	588.0	95.05%
27	丙烯塔Ⅰ(2)	1215.0	130.9	1480.5	4000t	120	32.0	1600.0	92.53%
		477.4	41.4	570.7	1250t	48	12.0	630.0	90.58%
28	丙烯塔Ⅱ(2)	1215.0	130.9	1480.5	4000t	120	32.0	1600.0	92.53%
		417.0	31.4	493.2	800t	48	10.0	508.4	97.02%
29	丙烯塔Ⅰ(1)	1136.9	130.9	1394.6	4000t	120	32.0	1600.0	87.16%
		477.4	41.4	570.7	1250t	48	12.0	630.0	90.58%

续表

序号	设备名称	计算质量/t	索具质量/t	吊装质量/t	主/副起重机吨级	臂杆长度/m	作业半径/m	额定载荷/t	最大负载率
30	脱丙烷塔	519.0	91.2	671.2	4000t	120	64.0	680.0	98.71%
		221.8	13.6	258.9	400t	60	12.0	290.0	89.29%
31	脱乙烷塔	371.4	28.7	440.1	1250t	78	24.0	478.0	92.07%
		118.0	7.9	138.5	280t	24	7.0	210.0	65.95%
32	碳四吸收塔	494.9	44.1	592.9	1250t	96	24.0	600.0	98.82%
		221.2	13.5	258.2	400t	36	9.0	299.0	86.34%
33	碳四解吸塔	370.9	46.1	458.7	1250t	96	22.0	504.0	91.01%
		172.5	13.5	204.6	400t	36	10.0	228.2	89.66%

11.2.3　吊耳及索具设置

（1）再生器床层/烧焦罐吊耳及索具设置

400 万 t/a 催化裂解联合装置再生器床层/烧焦罐（第 1 段）主吊采用 1 对 AXC-300 型管轴式吊耳，设置在分段位置向下 2000mm 处，方位为 330°和 150°；抬尾采用 2 个 AP-250 型板式吊耳，设置在下封头切线向上 800mm 处，方位为 60°。400 万 t/a 催化裂解联合装置再生器床层/烧焦罐（第 1 段）吊耳方位见图 11-2。

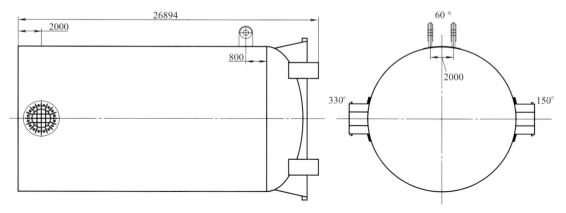

图 11-2　400 万 t/a 催化裂解联合装置再生器床层/烧焦罐（第 1 段）吊耳方位

400 万 t/a 催化裂解联合装置再生器床层/烧焦罐（第 1 段）主吊配备 1 根支撑式平衡梁，吊钩与吊耳之间采用 1 对 ϕ204mm×52m 的无接头钢丝绳绳圈连接，吊钩与平衡梁之间采用 1 对 ϕ72mm×24m 的钢丝绳和 2 个 85t 级卸扣连接；抬尾采用 1 对 ϕ110mm×36m 的钢丝绳（单根对折使用），通过 2 个 300t 级卸扣与抬尾吊耳连接。

400 万 t/a 催化裂解联合装置再生器床层/烧焦罐（第 2 段）吊装时采用 4 个 TP-150 型内壁式吊耳，设置在分段位置向下 800mm 处，方位为 0°、90°、180°、270°。400 万 t/a 催化裂解联合装置再生器床层/烧焦罐（第 2 段）吊耳方位见图 11-3。

400 万 t/a 催化裂解联合装置再生器床层/烧焦罐（第 2 段）吊装时采用 1 对 ϕ120mm×40m 的钢丝绳（单根对折使用），通过 4 个 200t 级卸扣与吊耳连接。

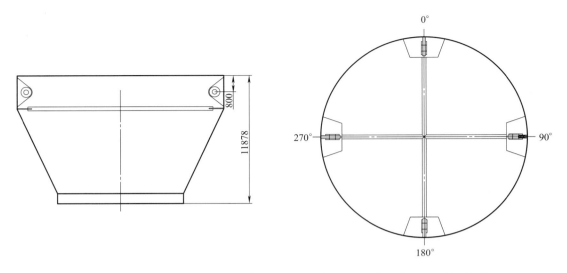

图 11-3　400 万 t/a 催化裂解联合装置再生器床层/烧焦罐（第 2 段）吊耳方位

　　400 万 t/a 催化裂解联合装置再生器床层/烧焦罐（第 3 段）吊装时采用 4 个 TP-150 型内壁式吊耳，设置在分段位置向下 1300mm 处，方位为 0°、90°、180°、270°。400 万 t/a 催化裂解联合装置再生器床层/烧焦罐（第 3 段）吊耳方位见图 11-4。

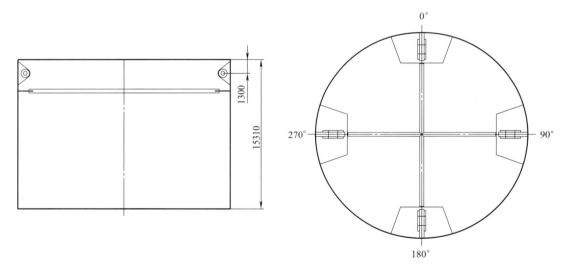

图 11-4　400 万 t/a 催化裂解联合装置再生器床层/烧焦罐（第 3 段）吊耳方位

　　400 万 t/a 催化裂解联合装置再生器床层/烧焦罐（第 3 段）吊装时采用 1 对 ϕ120mm × 40m 的钢丝绳（单根对折使用），通过 4 个 200t 级卸扣与吊耳连接。

　　400 万 t/a 催化裂解联合装置再生器床层/烧焦罐（封头）吊装时采用 8 个 TP-175 型顶板式吊耳，设置在封头切线竖直向上 8620mm 处，方位为 0°、90°、180°、270°。400 万 t/a 催化裂解联合装置再生器床层/烧焦罐（封头）吊耳方位见图 11-5。

　　400 万 t/a 催化裂解联合装置再生器床层/烧焦罐（封头）吊装时采用 4 根 ϕ120mm × 40m 的钢丝绳（单根对折使用），通过 8 个 200t 级卸扣与吊耳连接。

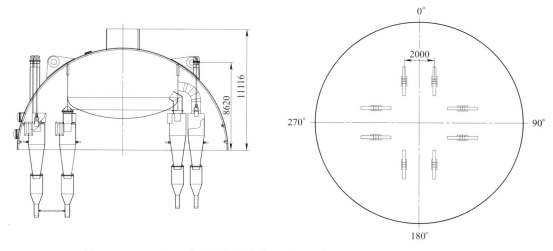

图 11-5　400 万 t/a 催化裂解联合装置再生器床层/烧焦罐（封头）吊耳方位

（2）分馏塔吊耳及索具设置

400 万 t/a 催化裂解联合装置分馏塔主吊采用 1 对 AXC-600 型管轴式吊耳，设置在上封头切线向下 12000mm 处，方位为 270°和 90°；抬尾采用 4 个 AP-125 型板式吊耳，设置在裙座处，方位为 0°。400 万 t/a 催化裂解联合装置分馏塔吊耳方位见图 11-6。

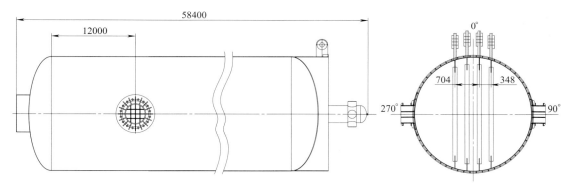

图 11-6　400 万 t/a 催化裂解联合装置分馏塔吊耳方位

400 万 t/a 催化裂解联合装置分馏塔主吊配备 1 根支撑式平衡梁，吊钩与吊耳之间采用 1 对 ϕ246mm×64m 的钢丝绳连接，吊钩与平衡梁之间采用 1 对 ϕ90mm×20m 的钢丝绳和 2 个 150t 级卸扣连接；抬尾采用 1 对 ϕ168mm×28m 的钢丝绳（单根对折使用），通过 4 个 200t 级卸扣与抬尾吊耳连接。

（3）稳定塔吊耳及索具设置

400 万 t/a 催化裂解联合装置稳定塔主吊采用 1 对 AXC-600 型管轴式吊耳，设置在上封头切线向下 4000mm 处，方位为 41.5°和 221.5°；抬尾采用 2 个 AP-250 型板式吊耳，设置在裙座处，方位为 131.5°。400 万 t/a 催化裂解联合装置稳定塔吊耳方位见图 11-7。

400 万 t/a 催化裂解联合装置稳定塔主吊配备 1 根支撑式平衡梁，吊钩与吊耳之间采用 1 对 ϕ204mm×52m 的无接头钢丝绳绳圈连接，吊钩与平衡梁之间采用 1 对 ϕ76mm×16m 的钢丝绳和 2 个 85t 级卸扣连接；抬尾采用 1 对 ϕ120mm×40m 的钢丝绳（单根对折使用），

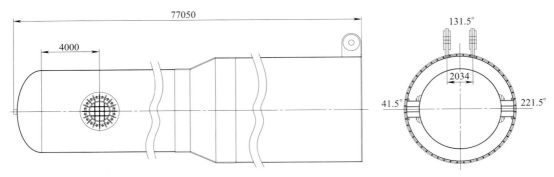

图 11-7　400 万 t/a 催化裂解联合装置稳定塔吊耳方位

通过 2 个 300t 级卸扣与抬尾吊耳连接。

（4）反应沉降器吊耳及索具设置

400 万 t/a 催化裂解联合装置反应沉降器（第 1 段）主吊采用 1 对 AXC-225 型管轴式吊耳，设置在锥段分段处向下 2000mm 处，方位为 0°和 180°；抬尾采用 2 个 AP-125 型板式吊耳，设置在下封头切线向上 1200mm 处，方位为 90°。400 万 t/a 催化裂解联合装置反应沉降器（第 1 段）吊耳方位见图 11-8。

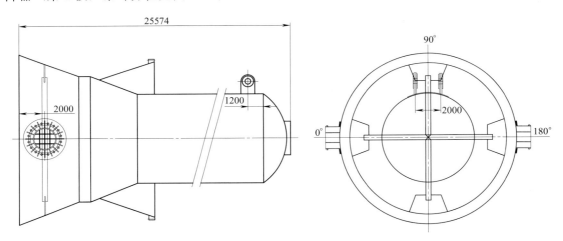

图 11-8　400 万 t/a 催化裂解联合装置反应沉降器（第 1 段）吊耳方位

400 万 t/a 催化裂解联合装置反应沉降器（第 1 段）主吊配备 1 根支撑式平衡梁，吊钩与吊耳之间采用 1 对 ϕ204mm×52m 的无接头钢丝绳绳圈连接，吊钩与平衡梁之间采用 1 对 ϕ64mm×24m 的钢丝绳和 2 个 85t 级卸扣连接；抬尾采用 1 对 ϕ90mm×20m 的钢丝绳（单根对折使用），通过 2 个 150t 级卸扣与抬尾吊耳连接。

400 万 t/a 催化裂解联合装置反应沉降器（第 2 段）吊装时采用 4 个内壁式 TP-125 型板式吊耳，设置在分段位置向下 1300mm 处，方位为 0°、90°、180°、270°。400 万 t/a 催化裂解联合装置反应沉降器（第 2 段）吊耳方位见图 11-9。

400 万 t/a 催化裂解联合装置反应沉降器（第 2 段）吊装时采用 1 对 ϕ120mm×40m 的钢丝绳（单根对折使用），通过 4 个 200t 级卸扣与吊耳连接。

400 万 t/a 催化裂解联合装置反应沉降器（封头）吊装时采用 8 个 TP-125 型顶板式吊

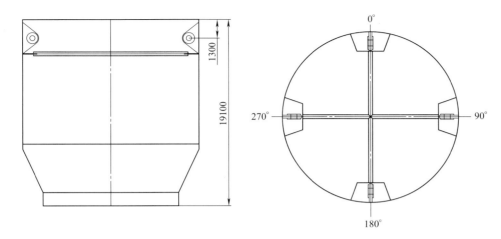

图 11-9　400 万 t/a 催化裂解联合装置反应沉降器（第 2 段）吊耳方位

耳，设置在封头切线竖直向上 7770mm 处，方位为 0°、90°、180°、270°。400 万 t/a 催化裂解联合装置反应沉降器（封头）吊耳方位见图 11-10。

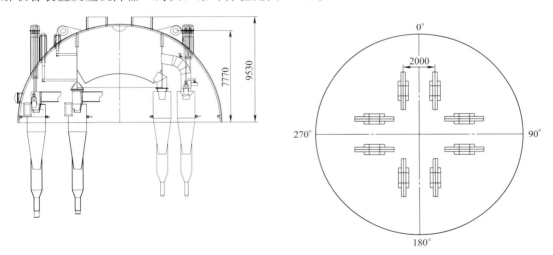

图 11-10　400 万 t/a 催化裂解联合装置反应沉降器（封头）吊耳方位

　　400 万 t/a 催化裂解联合装置反应沉降器（封头）吊装时采用 4 根 $\phi120mm\times40m$ 的钢丝绳（单根对折使用），通过 8 个 200t 级卸扣与吊耳连接。

　　（5）脱吸塔吊耳及索具设置

　　400 万 t/a 催化裂解联合装置脱吸塔主吊采用 1 对 AXC-400 型管轴式吊耳，设置在上封头切线向下 8000mm 处，方位为 90°和 270°；抬尾采用 2 个 AP-150 型板式吊耳，设置在裙座处，方位为 180°。400 万 t/a 催化裂解联合装置脱吸塔吊耳方位见图 11-11。

　　400 万 t/a 催化裂解联合装置脱吸塔主吊配备 1 根支撑式平衡梁，吊钩与吊耳之间采用 1 对 $\phi204mm\times52m$ 的无接头绳圈连接，吊钩与平衡梁之间采用 1 对 $\phi76mm\times16m$ 的钢丝绳和 2 个 85t 级卸扣连接；抬尾采用 1 对 $\phi90mm\times20m$ 的钢丝绳（单极对折使用），通过 2 个 200t 级卸扣与抬尾吊耳连接。

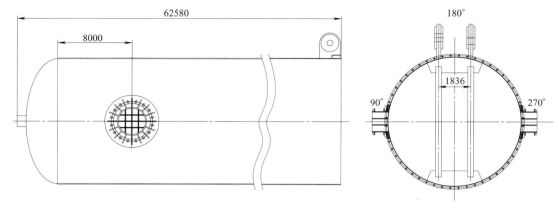

图 11-11　400 万 t/a 催化裂解联合装置脱吸塔吊耳方位

（6）烟气脱硫塔吊耳及索具设置

400 万 t/a 催化裂解联合装置烟气脱硫塔（下段）主吊采用 1 对 AXC-300 型管轴式吊耳，设置在分段位置向下 6000mm 处，方位为 270° 和 90°；抬尾采用 2 个 AP-125 型板式吊耳，设置在裙座处，方位为 0°。400 万 t/a 催化裂解联合装置烟气脱硫塔（下段）吊耳方位见图 11-12。

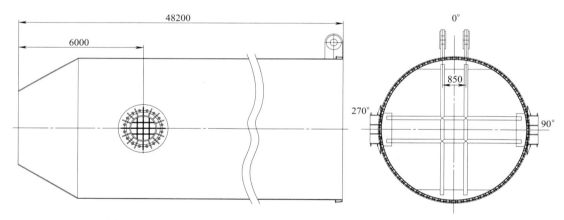

图 11-12　400 万 t/a 催化裂解联合装置烟气脱硫塔（下段）吊耳方位

400 万 t/a 催化裂解联合装置烟气脱硫塔（下段）主吊配备 1 根支撑式平衡梁，吊钩与吊耳之间采用 1 对 ϕ120mm×40m 的钢丝绳连接，吊钩与平衡梁之间采用 1 对 ϕ64mm×24m 的钢丝绳和 2 个 120t 级卸扣连接；抬尾采用 1 对 ϕ90mm×20m 的钢丝绳（单根对折使用），通过 2 个 150t 级卸扣与抬尾吊耳连接。

400 万 t/a 催化裂解联合装置烟气脱硫塔（上段）主吊采用 1 对 AXC-75 型管轴式吊耳，设置在上锥段向下 5000mm 处，方位为 0° 和 180°；抬尾采用 2 个 AP-50 型板式吊耳，设置在分段位置向上 1000mm 处，方位为 270°。400 万 t/a 催化裂解联合装置烟气脱硫塔（上段）吊耳方位见图 11-13。

400 万 t/a 催化裂解联合装置烟气脱硫塔（上段）主吊配备 1 根支撑式平衡梁，吊钩与吊耳之间采用 1 对 ϕ110mm×36m 的钢丝绳连接，吊钩与平衡梁之间采用 1 对 ϕ52mm×10m 的钢丝绳和 2 个 35t 级卸扣连接；抬尾采用 1 对 ϕ56mm×10m 的钢丝绳（单根对折使

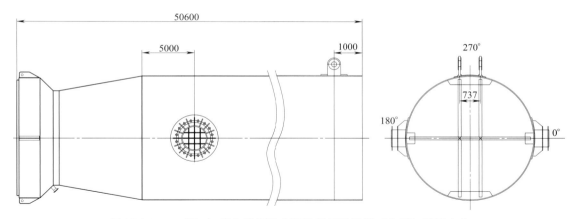

图 11-13　400 万 t/a 催化裂解联合装置烟气脱硫塔（上段）吊耳方位

用），通过 2 个 55t 级卸扣与抬尾吊耳连接。

（7）废催化剂罐吊耳及索具设置

400 万 t/a 催化裂解联合装置废催化剂罐主吊采用 1 对 AXC-250 型管轴式吊耳，设置在上封头切线向下 3000mm 处，方位为 180°和 0°；抬尾采用 2 个 AP-125 型板式吊耳，设置在裙座处，方位为 270°。400 万 t/a 催化裂解联合装置废催化剂罐吊耳方位见图 11-14。

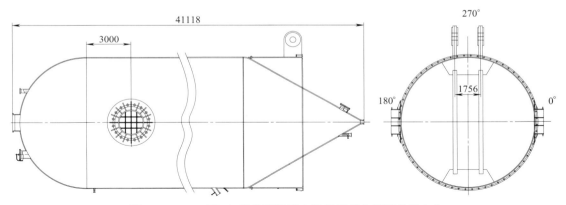

图 11-14　400 万 t/a 催化裂解联合装置废催化剂罐吊耳方位

400 万 t/a 催化裂解联合装置废催化剂罐主吊配备 1 根支撑式平衡梁，吊钩与吊耳之间采用 1 对 ϕ120mm×40m 的钢丝绳连接，吊钩与平衡梁之间采用 1 对 ϕ56mm×14m 的钢丝绳和 2 个 120t 级卸扣连接；抬尾采用 1 对 ϕ90mm×20m 的钢丝绳（单根对折使用），通过 2 个 150t 级卸扣与抬尾吊耳连接。

（8）热催化剂罐 A 吊耳及索具设置

400 万 t/a 催化裂解联合装置热催化剂罐 A 主吊采用 1 对 AXC-250 型管轴式吊耳，设置在上封头切线向下 3000mm 处，方位为 180°和 0°；抬尾采用 2 个 AP-125 型板式吊耳，设置在裙座处，方位为 270°。400 万 t/a 催化裂解联合装置热催化剂罐 A 吊耳方位见图 11-15。

400 万 t/a 催化裂解联合装置热催化剂罐 A 主吊配备 1 根支撑式平衡梁，吊钩与吊耳之间采用 1 对 ϕ120mm×40m 的钢丝绳连接，吊钩与平衡梁之间采用 1 对 ϕ56mm×14m 的钢丝绳和 2 个 120t 级卸扣连接；抬尾采用 1 对 ϕ90mm×20m 的钢丝绳（单根对折使用），通

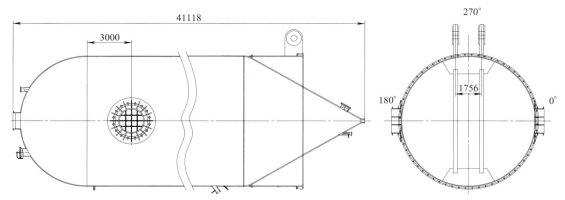

图 11-15　400 万 t/a 催化裂解联合装置热催化剂罐 A 吊耳方位

过 2 个 150t 级卸扣与抬尾吊耳连接。

（9）热催化剂罐 B 吊耳及索具设置

400 万 t/a 催化裂解联合装置热催化剂罐 B 主吊采用 1 对 AXC-250 型管轴式吊耳，设置在上封头切线向下 3000mm 处，方位为 180°和 0°；抬尾采用 2 个 AP-125 型板式吊耳，设置在裙座处，方位为 270°。400 万 t/a 催化裂解联合装置热催化剂罐 B 吊耳方位见图 11-16。

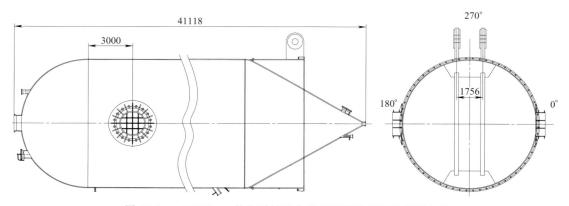

图 11-16　400 万 t/a 催化裂解联合装置热催化剂罐 B 吊耳方位

400 万 t/a 催化裂解联合装置热催化剂罐 B 主吊配备 1 根支撑式平衡梁，吊钩与吊耳之间采用 1 对 ϕ120mm×40m 的钢丝绳连接，吊钩与平衡梁之间采用 1 对 ϕ56mm×14m 的钢丝绳和 2 个 120t 级卸扣连接；抬尾采用 1 对 ϕ90mm×20m 的钢丝绳（单根对折使用），通过 2 个 150t 级卸扣与抬尾吊耳连接。

（10）吸收塔吊耳及索具设置

400 万 t/a 催化裂解联合装置吸收塔主吊采用 1 对 AXC-250 型管轴式吊耳，设置在上封头切线向下 5600mm 处，方位为 0°和 180°；抬尾采用 2 个 AP-125 型板式吊耳，设置在裙座处，方位为 90°。400 万 t/a 催化裂解联合装置吸收塔吊耳方位见图 11-17。

400 万 t/a 催化裂解联合装置吸收塔主吊配备 1 根支撑式平衡梁，吊钩与吊耳之间采用 1 对 ϕ110mm×36m 的钢丝绳连接，吊钩与平衡梁之间采用 1 对 ϕ56mm×10m 的钢丝绳和 2 个 55t 级卸扣连接；抬尾采用 1 对 ϕ90mm×20m 的钢丝绳（单根对折使用），通过 2 个 150t 级卸扣与抬尾吊耳连接。

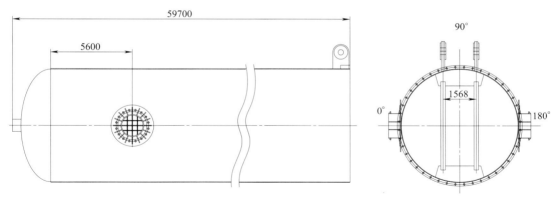

图 11-17　400 万 t/a 催化裂解联合装置吸收塔吊耳方位

（11）第三级旋风分离器（封头）吊耳及索具设置

400 万 t/a 催化裂解联合装置第三级旋风分离器（封头）吊装时采用 4 个 TP-125 型顶板式吊耳，设置在上封头切线向上 4500mm 处，方位为 103°和 283°。400 万 t/a 催化裂解联合装置第三级旋风分离器（封头）吊耳方位见图 11-18。

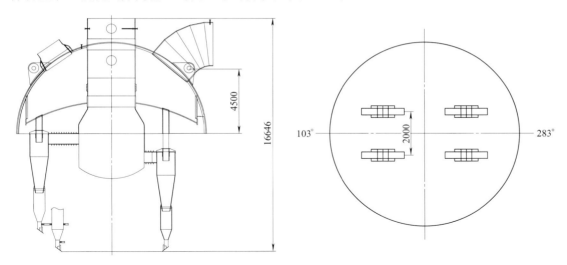

图 11-18　400 万 t/a 催化裂解联合装置第三级旋风分离器（封头）吊耳方位

400 万 t/a 催化裂解联合装置第三级旋风分离器（封头）吊装时采用 1 对 ϕ120mm×40m 的钢丝绳（单根对折使用），通过 4 个 150t 级卸扣与吊耳连接。

（12）回炼油缓冲罐（同轴）吊耳及索具设置

400 万 t/a 催化裂解联合装置回炼油缓冲罐（同轴）主吊采用 1 对 AXC-200 型管轴式吊耳，设置在上封头切线向下 2500mm 处，方位为 0°和 180°；抬尾采用 2 个 AP-100 型板式吊耳，设置在裙座处，方位为 90°。400 万 t/a 催化裂解联合装置回炼油缓冲罐（同轴）吊耳方位见图 11-19。

400 万 t/a 催化裂解联合装置回炼油缓冲罐（同轴）主吊配备 1 根支撑式平衡梁，吊钩与吊耳之间采用 1 对 ϕ120mm×40m 的钢丝绳连接，吊钩与平衡梁之间采用 1 对 ϕ65mm×6m 的钢丝绳和 2 个 35t 级卸扣连接；抬尾采用 1 对 ϕ90mm×20m 的钢丝绳（单根对折使

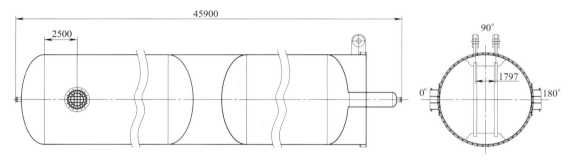

图 11-19　400 万 t/a 催化裂解联合装置回炼油缓冲罐（同轴）吊耳方位

用），通过 2 个 120t 级卸扣与抬尾吊耳连接。

（13）冷催化剂罐吊耳及索具设置

400 万 t/a 催化裂解联合装置冷催化剂罐主吊采用 1 对 AXC-175 型管轴式吊耳，设置在上封头切线向下 2500mm 处，方位为 180°和 0°；抬尾采用 2 个 AP-100 型板式吊耳，设置在裙座处，方位为 270°。400 万 t/a 催化裂解联合装置冷催化剂罐吊耳方位见图 11-20。

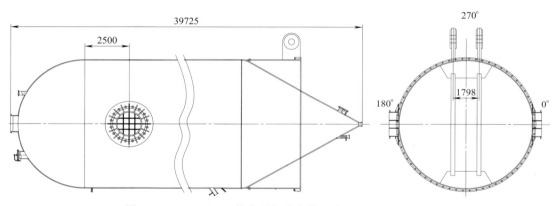

图 11-20　400 万 t/a 催化裂解联合装置冷催化剂罐吊耳方位

400 万 t/a 催化裂解联合装置冷催化剂罐主吊配备 1 根支撑式平衡梁，吊钩与吊耳之间采用 1 对 ϕ120mm×40m 的钢丝绳连接，吊钩与平衡梁之间采用 1 对 ϕ56mm×14m 的钢丝绳和 2 个 120t 级卸扣连接；抬尾采用 1 对 ϕ90mm×20m 的钢丝绳（单根对折使用），通过 2 个 150t 级卸扣与抬尾吊耳连接。

（14）降压孔板室吊耳及索具设置

400 万 t/a 催化裂解联合装置降压孔板室（竖直段）主吊采用 1 对 AXC-175 型管轴式吊耳，设置在上封头切线向下 1500mm 处，方位为 0°和 180°；抬尾采用 2 个 AP-75 型板式吊耳，设置在裙座处，方位为 90°。400 万 t/a 催化裂解联合装置降压孔板室（竖直段）吊耳方位见图 11-21。

400 万 t/a 催化裂解联合装置降压孔板室（竖直段）主吊配备 1 根支撑式平衡梁，吊钩与吊耳之间采用 1 对 ϕ110mm×36m 的钢丝绳连接，吊钩与平衡梁之间采用 1 对 ϕ56mm×10m 的钢丝绳和 2 个 55t 级卸扣连接；抬尾采用 1 对 ϕ72mm×18m 的钢丝绳（单根对折使用），通过 2 个 120t 级卸扣与抬尾吊耳连接。

400 万 t/a 催化裂解联合装置降压孔板室（水平段）吊装时不设置吊耳，采用"兜

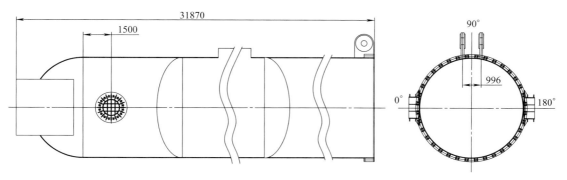

图 11-21 400 万 t/a 催化裂解联合装置降压孔板室（竖直段）吊耳方位

挂法"。

400 万 t/a 催化裂解联合装置降压孔板室（水平段）吊装时配备 1 根支撑式平衡梁，平衡梁与吊钩之间采用 1 对 $\phi52mm\times10m$ 的钢丝绳（单根对折使用）和 2 个 55t 级卸扣连接，平衡梁下方直接用 1 对 $\phi110mm\times48m$ 的压制钢丝绳（单根对折使用）将设备"兜起来"，见图 11-22。

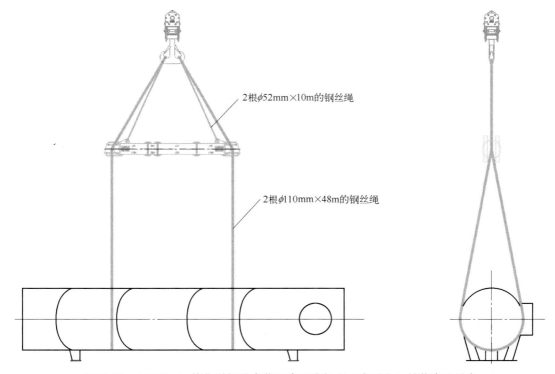

图 11-22 400 万 t/a 催化裂解联合装置降压孔板室（水平段）吊装索具设备

（15）再吸收塔吊耳及索具设置

400 万 t/a 催化裂解联合装置再吸收塔主吊采用 1 对 AXC-125 型管轴式吊耳，设置在上封头切线向下 5000mm 处，方位为 320°和 140°；抬尾采用 2 个 AP-50 型板式吊耳，设置在裙座处，方位为 50°。400 万 t/a 催化裂解联合装置再吸收塔吊耳方位见图 11-23。

400 万 t/a 催化裂解联合装置再吸收塔主吊配备 1 根吊耳式平衡梁，平衡梁与吊耳之间

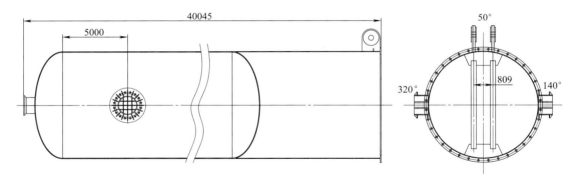

图 11-23　400 万 t/a 催化裂解联合装置再吸收塔吊耳方位

采用 1 对 ϕ64mm×24m 的钢丝绳和 2 个 200t 级卸扣连接，吊钩与平衡梁之间采用 1 对
ϕ64mm×24m 的钢丝绳和 2 个 200t 级卸扣连接；抬尾采用 1 对 ϕ56mm×10m 的钢丝绳
（单根对折使用），通过 2 个 85t 级卸扣与抬尾吊耳连接。

（16）外取热器吊耳及索具设置

400 万 t/a 催化裂解联合装置外取热器（壳体）主吊采用 1 对 AXC-75 型管轴式吊耳，
设置在封头法兰向下 2126mm 处，方位为 0°和 180°；抬尾采用 2 个 AP-50 型板式吊耳，设
置在底部向上 3559mm 处，方位为 90°。400 万 t/a 催化裂解联合装置外取热器（壳体）吊
耳方位见图 11-24。

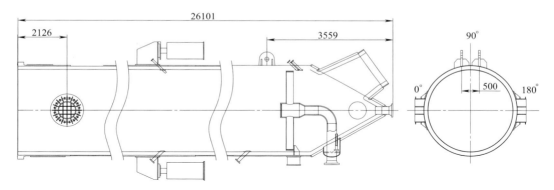

图 11-24　400 万 t/a 催化裂解联合装置外取热器（壳体）吊耳方位

400 万 t/a 催化裂解联合装置外取热器（壳体）主吊配备 1 根支撑式平衡梁，吊钩与吊
耳之间采用 1 对 ϕ72mm×28m 的钢丝绳和 2 个 35t 级卸扣连接，吊钩与平衡梁之间采用 1
对 ϕ65mm×6m 的钢丝绳和 2 个 55t 级卸扣连接；抬尾采用 1 对 ϕ52mm×10m 的钢丝绳
（单根对折使用），通过 2 个 35t 级卸扣与抬尾吊耳连接。

400 万 t/a 催化裂解联合装置外取热器（管束）主吊采用 1 对 SP-35 型管轴式吊耳，设
置在上封头处，方位为 0°和 180°；抬尾采用 4 个 AP-25 型板式吊耳，设置在设备工装处，
方位为 90°。400 万 t/a 催化裂解联合装置外取热器（管束）吊耳方位见图 11-25。

400 万 t/a 催化裂解联合装置外取热器（管束）主吊配备 1 根支撑式平衡梁，吊钩与吊
耳之间采用 1 对 ϕ56mm×15m 的钢丝绳连接，吊钩与平衡梁之间采用 1 对 ϕ65mm×6m 的
钢丝绳和 2 个 35t 级卸扣连接；抬尾采用 1 对 ϕ56mm×30m 的钢丝绳（单根对折使用），通

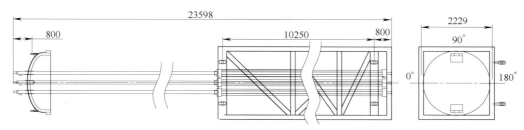

图 11-25　400 万 t/a 催化裂解联合装置外取热器（管束）吊耳方位

过 4 个 25t 级卸扣与抬尾吊耳连接。

（17）气压机出口油气分离器吊耳及索具设置

400 万 t/a 催化裂解联合装置气压机出口油气分离器为卧式设备，吊装时不设置吊耳，采用"兜挂法"。

400 万 t/a 催化裂解联合装置气压机出口油气分离器吊装时配备 1 根支撑式平衡梁，平衡梁与吊钩之间采用 1 对 $\phi52$mm×10m 的钢丝绳（单根对折使用）和 2 个 55t 级卸扣连接，平衡梁下方直接采用 1 对 $\phi110$mm×48m 的钢丝绳将设备"兜起来"。

（18）丙烯塔Ⅱ（1）吊耳及索具设置

400 万 t/a 催化裂解联合装置丙烯塔Ⅱ（1）主吊采用 1 对 AXC-700 型管轴式吊耳，设置在上封头切线向下 10700mm 处，方位为 200°和 20°；抬尾采用 4 个 AP-125 型板式吊耳，设置在裙座处，方位为 290°。400 万 t/a 催化裂解联合装置丙烯塔Ⅱ（1）吊耳方位见图 11-26。

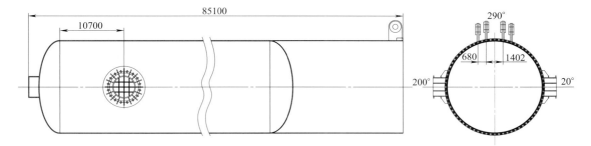

图 11-26　400 万 t/a 催化裂解联合装置丙烯塔Ⅱ（1）吊耳方位

400 万 t/a 催化裂解联合装置丙烯塔Ⅱ（1）主吊配备 1 根支撑式平衡梁，吊钩与吊耳之间采用 1 对 $\phi246$mm×64m 的无接头钢丝绳绳圈连接，吊钩与平衡梁之间采用 1 对 $\phi75$mm×20m 的钢丝绳和 2 个 120t 级卸扣连接；抬尾采用 1 对 $\phi110$mm×36m 的钢丝绳（单根对折使用），通过 4 个 200t 级卸扣与抬尾吊耳连接。

（19）丙烯塔Ⅰ（2）吊耳及索具设置

400 万 t/a 催化裂解联合装置丙烯塔Ⅰ（2）主吊采用 1 对 AXC-700 型管轴式吊耳，设置在上封头切线向下 10000mm 处，方位为 225°和 45°；抬尾采用 4 个 AP-125 型板式吊耳，设置在裙座处，方位为 315°。400 万 t/a 催化裂解联合装置丙烯塔Ⅰ（2）吊耳方位见图 11-27。

400 万 t/a 催化裂解联合装置丙烯塔Ⅰ（2）主吊配备 1 根支撑式平衡梁，吊钩与吊耳之间采用 1 对 $\phi246$mm×64m 的无接头钢丝绳绳圈连接，吊钩与平衡梁之间采用 1 对 $\phi75$mm×20m 的钢丝绳和 2 个 120t 级卸扣连接；抬尾采用 1 对 $\phi110$mm×36m 的钢丝绳（单根对折使用），

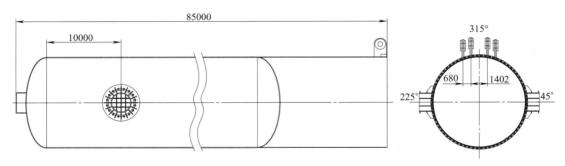

图 11-27　400 万 t/a 催化裂解联合装置丙烯塔 I（2）吊耳方位

通过 4 个 200t 级卸扣与抬尾吊耳连接。

（20）丙烯塔 II（2）吊耳及索具设置

400 万 t/a 催化裂解联合装置丙烯塔 II（2）主吊采用 1 对 AXC-700 型管轴式吊耳，设置在上封头切线向下 10000mm 处，方位为 225°和 45°；抬尾采用 4 个 AP-125 型板式吊耳，设置在裙座处，方位为 315°。400 万 t/a 催化裂解联合装置丙烯塔 II（2）吊耳方位见图 11-28。

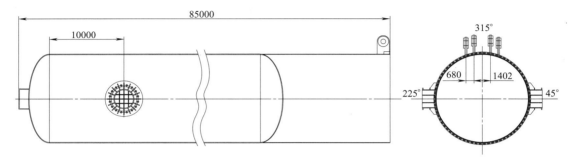

图 11-28　400 万 t/a 催化裂解联合装置丙烯塔 II（2）吊耳方位

400 万 t/a 催化裂解联合装置丙烯塔 II（2）主吊配备 1 根支撑式平衡梁，吊钩与吊耳之间采用 1 对 ϕ246mm×64m 的无接头钢丝绳绳圈连接，吊钩与平衡梁之间采用 1 对 ϕ75mm×20m 的钢丝绳和 2 个 120t 级卸扣连接；抬尾采用 1 对 ϕ110mm×36m 的钢丝绳（单根对折使用），通过 4 个 200t 级卸扣与抬尾吊耳连接。

（21）丙烯塔 I（1）吊耳及索具设置

400 万 t/a 催化裂解联合装置丙烯塔 I（1）主吊采用 1 对 AXC-700 型管轴式吊耳，设置在上封头切线向下 10700mm 处，方位为 200°和 20°；抬尾采用 4 个 AP-125 型板式吊耳，设置在裙座处，方位为 290°。400 万 t/a 催化裂解联合装置丙烯塔 I（1）吊耳方位见图 11-29。

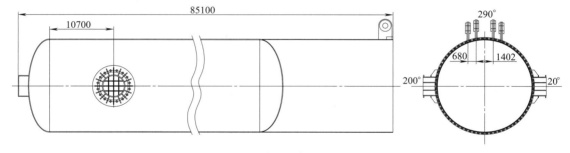

图 11-29　400 万 t/a 催化裂解联合装置丙烯塔 I（1）吊耳方位

400 万 t/a 催化裂解联合装置丙烯塔I(1) 主吊配备 1 根支撑式平衡梁，吊钩与吊耳之间采用 1 对 ϕ246mm×64m 的无接头钢丝绳绳圈连接，吊钩与平衡梁之间采用 1 对 ϕ75mm×20m 的钢丝绳和 2 个 120t 级卸扣连接；抬尾采用 1 对 ϕ110mm×36m 的钢丝绳（单根对折使用），通过 4 个 200t 级卸扣与抬尾吊耳连接。

（22）脱丙烷塔吊耳及索具设置

400 万 t/a 催化裂解联合装置脱丙烷塔主吊采用 1 对 AXC-300 型管轴式吊耳，设置在顶部接管切面向下 7900mm 处，方位为 200.8°和 20.8°；抬尾采用 2 个 AP-125 型板式吊耳，设置在裙座处，方位为 290.8°。400 万 t/a 催化裂解联合装置脱丙烷塔吊耳方位见图 11-30。

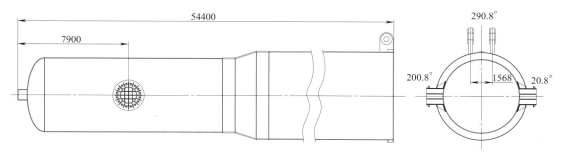

图 11-30　400 万 t/a 催化裂解联合装置脱丙烷塔吊耳方位

400 万 t/a 催化裂解联合装置脱丙烷塔主吊配备 1 根支撑式平衡梁，吊钩与吊耳之间采用 1 对 ϕ120mm×40m 的无接头钢丝绳绳圈连接，吊钩与平衡梁之间采用 1 对 ϕ56mm×14m 的钢丝绳和 2 个 120t 级卸扣连接；抬尾采用 1 对 ϕ90mm×20m 的钢丝绳（单根对折使用），通过 2 个 150t 级卸扣与抬尾吊耳连接。

（23）脱乙烷塔吊耳及索具设置

400 万 t/a 催化裂解联合装置脱乙烷塔主吊采用 1 对 AXC-200 型管轴式吊耳，设置在上封头切线向下 5000mm 处，方位为 180°和 0°；抬尾采用 2 个 AP-75 型板式吊耳，设置在裙座处，方位为 270°。400 万 t/a 催化裂解联合装置脱乙烷塔吊耳方位见图 11-31。

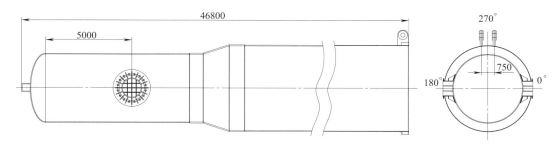

图 11-31　400 万 t/a 催化裂解联合装置脱乙烷塔吊耳方位

400 万 t/a 催化裂解联合装置脱乙烷塔主吊配备 1 根支撑式平衡梁，吊钩与吊耳之间采用 1 对 ϕ110mm×36m 的钢丝绳连接，吊钩与平衡梁之间采用 1 对 ϕ52mm×10m 的钢丝绳和 2 个 55t 级卸扣连接；抬尾采用 1 对 ϕ72mm×18m 的钢丝绳（单根对折使用），通过 2 个 120t 级卸扣与抬尾吊耳连接。

（24）碳四吸收塔吊耳及索具设置

400 万 t/a 催化裂解联合装置碳四吸收塔主吊采用 1 对 AXC-250 型管轴式吊耳，设置在上封头切线向下 4000mm 处, 方位为 297°和 117°; 抬尾采用 2 个 AP-125 型板式吊耳, 设置在裙座处, 方位为 27°。400 万 t/a 催化裂解联合装置碳四吸收塔吊耳方位见图 11-32。

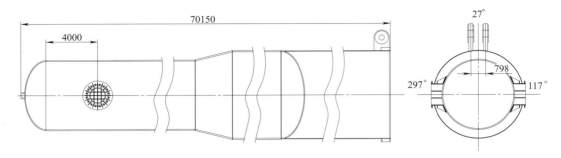

图 11-32　400 万 t/a 催化裂解联合装置碳四吸收塔吊耳方位

400 万 t/a 催化裂解联合装置碳四吸收塔主吊配备 1 根支撑式平衡梁, 吊钩与吊耳之间采用 1 对 ϕ120mm×40m 的钢丝绳连接, 吊钩与平衡梁之间采用 1 对 ϕ65mm×6m 的钢丝绳和 2 个 120t 级卸扣连接; 抬尾采用 1 对 ϕ90mm×20m 的钢丝绳 (单根对折使用), 通过 2 个 150t 级卸扣与抬尾吊耳连接。

（25）碳四解吸塔吊耳及索具设置

400 万 t/a 催化裂解联合装置碳四解吸塔主吊采用 1 对 AXC-200 型管轴式吊耳, 设置在上封头切线向下 5000mm 处, 方位为 270°和 90°; 抬尾采用 2 个 AP-100 型板式吊耳, 设置在裙座处, 方位为 0°。400 万 t/a 催化裂解联合装置碳四解吸塔吊耳方位见图 11-33。

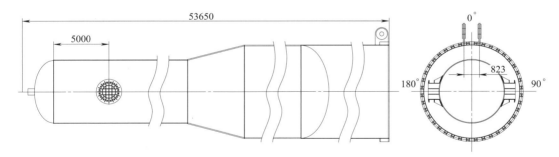

图 11-33　400 万 t/a 催化裂解联合装置碳四解吸塔吊耳方位

400 万 t/a 催化裂解联合装置碳四解吸塔主吊配备 1 根支撑式平衡梁, 吊钩与吊耳之间采用 1 对 ϕ120mm×40m 的钢丝绳连接, 吊钩与平衡梁之间采用 1 对 ϕ52mm×10m 的钢丝绳和 2 个 120t 级卸扣连接; 抬尾采用 1 对 ϕ90mm×20m 的钢丝绳 (单根对折使用), 通过 2 个 150t 级卸扣与抬尾吊耳连接。

11.3　施工掠影

XGC88000 型 4000t 级履带式起重机和 CC8800-1TWIN 型 3200t 级履带式起重机作业现场见图 11-34, 400 万 t/a 催化裂解联合装置再生器 (封头)、丙烯塔Ⅱ(1)、分馏塔吊装见图 11-35～图 11-37。

图 11-34　XGC88000 型 4000t 级履带式
起重机和 CC8800-1TWIN 型 3200t 级
履带式起重机作业现场

图 11-35　400 万 t/a 催化裂解联合装置
再生器（封头）吊装

图 11-36　400 万 t/a 催化裂解联合装置
丙烯塔Ⅱ（1）吊装

图 11-37　400 万 t/a 催化裂解联合装置
分馏塔吊装

第**12**章

芳烃过渡装置

12.1 典型设备介绍

150 万 t/a 芳烃过渡装置有净质量等于大于 200t 的典型设备 4 台，其参数见表 12-1。

表 12-1　150 万 t/a 芳烃过渡装置典型设备参数

序号	设备名称	设备规格 （直径×高）/mm×mm	安装标高 /mm	设备本体 质量/t	预焊件 质量/t	附属设施 质量/t	设备总 质量/t	数量/台
1	二甲苯塔（下段）	φ7300×63380	200	475.0	21.0	53.0	549.0	
2	二甲苯塔 （上段）	φ7300/ φ6400×33720	63380	275.0	15.0	57.0	347.0	1
3	邻二甲苯塔	φ6100×74430	200	290.0	22.0	122.0	434.0	1
4	重整油塔	φ5600×63385	200	201.0	10.0	125.0	336.0	1
5	苯-甲苯塔（下段）	φ8420/ φ6400×45625	200	315.8	15.0	55.0	385.8	
6	苯-甲苯塔（上段）	φ6400×43075	45825	275.3	10.0	45.0	330.0	1

12.2 吊装方案设计

12.2.1 吊装工艺选择

针对该装置 4 台典型设备的参数、空间布置和现场施工资源总体配置计划，吊装方案设计时预计投入 ZCC12500 型 1250t 级履带式起重机 1 台、SCC4000A-2 型 400t 级履带式起重机 1 台完成所有吊装工作，吊装布局见图 12-1。

二甲苯塔（下段）、二甲苯塔（上段）、邻二甲苯塔、重整油塔苯-甲苯塔（下段）、苯-甲苯塔（上段）均采用 ZCC12500 型 1250t 级履带式起重机主吊，SCC4000A-2 型 400t 级履带式起重机抬尾，通过"单机提吊递送法"吊装。

12.2.2 吊装参数设计

根据选用的吊装工艺和起重机械的性能参数确定 4 台设备的吊装参数，见表 12-2。

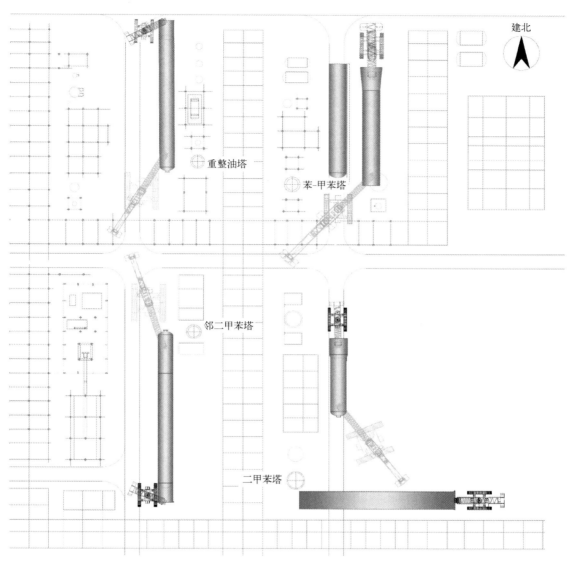

图 12-1　150 万 t/a 芳烃过渡装置吊装布局

表 12-2　150 万 t/a 芳烃过渡装置典型设备吊装参数

序号	设备名称	计算质量 /t	索具质量 /t	吊装质量 /t	主/副起重机吨级	臂杆长度 /m	作业半径 /m	额定载荷 /t	最大负载率
1	二甲苯塔（下段）	549.0	65.2	675.6	1250t	90	22.0	690.0	97.92%
		212.0	14.4	249.0	400t	42	10.0	266.0	93.62%
2	二甲苯塔（上段）	347.0	31.0	415.8	1250t	114	26.0	448.0	92.81%
		118.0	14.4	145.6	400t	42	12.0	160.0	91.03%
3	邻二甲苯塔	434.0	65.2	544.1	1250t	96	22.0	690.0	97.92%
		219.0	8.7	250.5	400t	42	8.0	272.0	92.08%
4	重整油塔	336.0	48.5	423.0	1250t	96	26.0	436.0	97.01%
		143.0	9.0	167.2	400t	42	10.0	203.0	82.36%

序号	设备名称	计算质量/t	索具质量/t	吊装质量/t	主/副起重机吨级	臂杆长度/m	作业半径/m	额定载荷/t	最大负载率
5	苯-甲苯塔（下段）	385.8	32.0	459.6	1250t	90	28.0	543.0	84.64%
		148.6	15.0	180.0	400t	30	9.0	247.1	72.83%
6	苯-甲苯塔（上段）	330.3	26.0	391.9	1250t	120	22.0	405.0	96.77%
		64.5	15.0	87.5	400t	30	9.0	247.1	35.39%

12.2.3 吊耳及索具设置

（1）二甲苯塔吊耳及索具设置

150万t/a芳烃过渡装置二甲苯塔（下段）主吊采用1对AXC-300型管轴式吊耳，设置在分段处向下13000mm处，方位为156°和336°；抬尾采用2个AP-125型板式吊耳，设置在裙座处，方位为246°。150万t/a芳烃过渡装置二甲苯塔（下段）吊耳方位见图12-2。

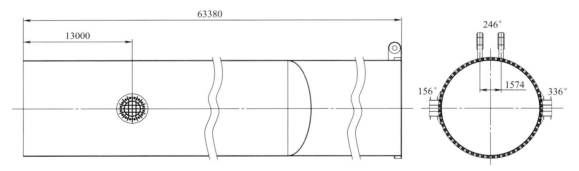

图12-2　150万t/a芳烃过渡装置二甲苯塔（下段）吊耳方位

150万t/a芳烃过渡装置二甲苯塔（下段）主吊配备1根支撑式平衡梁，吊钩与吊耳之间采用1对ϕ204mm×52m的钢丝绳绳圈连接，吊钩与平衡梁之间采用一对ϕ76mm×16m的压制钢丝绳和2个85t级卸扣连接；抬尾采用1对ϕ90mm×20m的钢丝绳，通过2个200t级卸扣与抬尾吊耳连接。

150万t/a芳烃过渡装置二甲苯塔（上段）主吊采用1对AXC-175型管轴式吊耳，设置在封头切线向下6000mm处，方位为156°和336°；抬尾采用2个AP-75型板式吊耳，设置在底部分段位置向上1500mm处，方位为246°。150万t/a芳烃过渡装置二甲苯塔（上段）吊耳方位见图12-3。

150万t/a芳烃过渡装置二甲苯塔（上段）主吊配备1根支撑式平衡梁，吊钩与吊耳之间采用1对ϕ120mm×40m的钢丝绳绳圈连接，吊钩与平衡梁之间采用1对ϕ56mm×10m的压制钢丝绳和2个85t级卸扣连接；抬尾采用1对ϕ90mm×20m的钢丝绳，通过2个85t级卸扣与抬尾吊耳连接。

（2）邻二甲苯塔吊耳及索具设置

150万t/a芳烃过渡装置邻二甲苯塔主吊采用1对AXC-225型管轴式吊耳，设置在封头切线向下4200mm处，方位为0°和180°；抬尾采用2个AP-125型板式吊耳，设置在裙座处，方位为90°。150万t/a芳烃过渡装置邻二甲苯塔吊耳方位见图12-4。

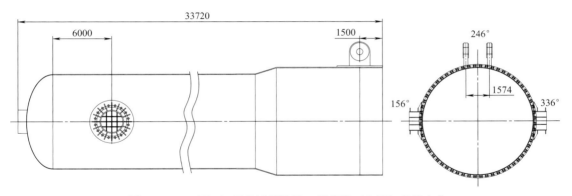

图 12-3　150 万 t/a 芳烃过渡装置二甲苯塔（上段）吊耳方位

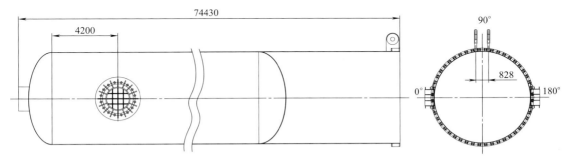

图 12-4　150 万 t/a 芳烃过渡装置邻二甲苯塔吊耳方位

　　150 万 t/a 芳烃过渡装置邻二甲苯塔主吊配备 1 根支撑式平衡梁，吊钩与吊耳之间采用 1 对 ϕ120mm×40m 的钢丝绳绳圈连接，吊钩与平衡梁之间采用 1 对 ϕ65mm×6m 的压制钢丝绳和 2 个 85t 级卸扣连接；抬尾采用 1 对 ϕ90mm×20m 的钢丝绳，通过 2 个 150t 级卸扣与抬尾吊耳连接。

　　（3）重整油塔吊耳及索具设置

　　150 万 t/a 芳烃过渡装置重整油塔主吊采用 1 对 AXC-175 型管轴式吊耳，设置在封头切线向下 5000mm 处，方位为 24.5°和 204.5°；抬尾采用 2 个 AP-75 型板式吊耳，设置在裙座处，方位为 114.5°。150 万 t/a 芳烃过渡装置重整油塔吊耳方位见图 12-5。

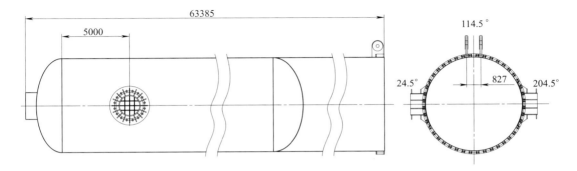

图 12-5　150 万 t/a 芳烃过渡装置重整油塔吊耳方位

　　150 万 t/a 芳烃过渡装置重整油塔主吊配备 1 根支撑式平衡梁，吊钩与吊耳之间采用 1 对 ϕ120mm×40m 的钢丝绳绳圈连接，吊钩与平衡梁之间采用 1 对 ϕ65mm×6m 的压制钢丝绳和 2 个 85t 级卸扣连接；抬尾采用 1 对 ϕ90mm×20m 的钢丝绳，通过 2 个 85t 级卸扣与抬尾吊耳连接。

（4）苯-甲苯塔吊耳及索具设置

150 万 t/a 芳烃过渡装置苯-甲苯塔（下段）主吊采用 1 对 AXC-200 型管轴式吊耳，设置在上切线向下 9000mm 处，方位为 160°和 340°；抬尾采用 2 个 AP-75 型板式吊耳，设置在裙座处，方位为 250°。150 万 t/a 芳烃过渡装置苯-甲苯塔（下段）吊耳方位见图 12-6。

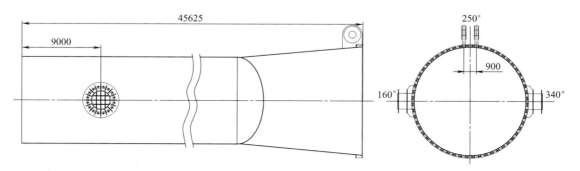

图 12-6　150 万 t/a 芳烃过渡装置苯-甲苯塔（下段）吊耳方位

150 万 t/a 芳烃过渡装置苯-甲苯塔（下段）主吊配备 1 根支撑式平衡梁，吊钩与吊耳之间采用 1 对 ϕ135mm×50m 的钢丝绳（单根对折使用）连接，吊钩与平衡梁之间采用 1 对 ϕ65mm×30m 的钢丝绳（单根对折使用）和 2 个 120t 级卸扣连接；抬尾采用一对 ϕ135mm×50m 的钢丝绳（单根对折使用），通过 2 个 85t 级卸扣与抬尾吊耳连接。

150 万 t/a 芳烃过渡装置苯-甲苯塔（上段）主吊采用 1 对 AXC-200 型管轴式吊耳，设置在封头切线向下 3500mm 处，方位为 0°和 180°；抬尾采用 2 个 AP-75 型板式吊耳，设置在底部分段位置向上 1500mm 处，方位为 90°。150 万 t/a 芳烃过渡装置苯-甲苯塔（上段）吊耳方位见图 12-7。

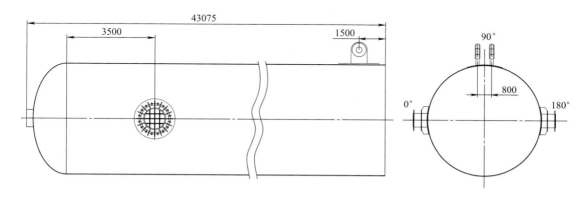

图 12-7　150 万 t/a 芳烃过渡装置苯-甲苯塔（上段）吊耳方位

150 万 t/a 芳烃过渡装置苯-甲苯塔（上段）主吊配备 1 根支撑式平衡梁，吊钩与吊耳之间采用 1 对 ϕ135mm×50m 的钢丝绳（单根对折使用）连接，吊钩与平衡梁之间采用 1 对 ϕ65mm×15m 的钢丝绳（单根对折使用）和 2 个 120t 级卸扣连接；抬尾采用 1 对 ϕ135mm×50m 的钢丝绳（单根对折使用），通过 2 个 85t 级卸扣与抬尾吊耳连接。

12.3　施工掠影

150万 t/a 芳烃过渡装置二甲苯塔（上段）吊装见图 12-8。

图 12-8　150万 t/a 芳烃过渡装置二甲苯塔（上段）吊装

第**13**章
芳烃联合装置

13.1 典型设备介绍

芳烃联合装置包含 350 万 t/a 歧化装置、200 万 t/a 芳烃抽提装置、280 万 t/a PX 装置、300 万 t/a 石脑油加氢装置,有净质量等于大于 200t 的典型设备 15 台,其参数见表 13-1。

表 13-1 芳烃联合装置典型设备参数

序号	设备名称	设备规格(直径×高)/mm×mm	安装标高/mm	设备本体质量/t	预焊件质量/t	附属设施质量/t	设备总质量/t	数量/台
1	甲苯塔	$\phi 10100 \times 74800$	200	1100.0	150.0	250.0	1500.0	1
2	二甲苯回收塔	$\phi 5300/\phi 9000 \times 82610$	200	680.0	150.0	250.0	1080.0	1
3	苯塔	$\phi 8600 \times 66950$	200	510.0	150.0	230.0	890.0	1
4	重整油分馏塔	$\phi 7900 \times 57600$	200	380.0	35.0	80.0	495.0	1
5	重芳烃塔	$\phi 6300 \times 58000$	200	374.0	45.0	75.0	494.0	1
6	歧化反应器	$\phi 6600 \times 20977$	200	400.0	3.0	5.0	408.0	1
7	异构化反应器	$\phi 9800 \times 24852$	200	400.0	3.0	1.5	404.5	1
8	抽提蒸馏塔	$\phi 4800/\phi 6400 \times 77520$	200	267.0	15.0	77.9	359.9	1
9	汽提塔	$\phi 5400/\phi 3600 \times 48050$	200	260.0	20.0	70.0	350.0	1
10	异构化反应器进/出料换热器	$\phi 4015 \times 22575$	14000	345.0	1.5	3.0	349.5	2
11	歧化汽提塔	$\phi 4800/\phi 6000 \times 49460$	200	250.0	15.0	35.0	300.0	1
12	石脑油分离塔	$\phi 4800 \times 59730$	200	247.0	10.0	35.0	292.0	1
13	溶剂回收塔	$\phi 7000/\phi 5600 \times 50600$	200	230.0	15.0	45.0	290.0	1
14	歧化反应器进/出料换热器	$\phi 3264 \times 25070$	20000	235.0	1.0		236.0	1

13.2 吊装方案设计

13.2.1 吊装工艺选择

针对该装置 15 台典型设备的参数、空间布置和现场施工资源总体配置计划,吊装方案设计时预计投入 ZCC3200NP 型 3200t 级履带式起重机 1 台、ZCC12500 型 1250t 级履带式起重机 1 台、SCC10000 型 1000t 级履带式起重机 1 台、XGC12000 型 800t 级履带式起重机 1 台、CC2600 型 500t 级履带式起重机 1 台、LR1400/2 型 400t 级履带式起重机 1 台、CC1500 型 275t 级履带式起重机 1 台完成所有吊装工作,吊装布局见图 13-1。

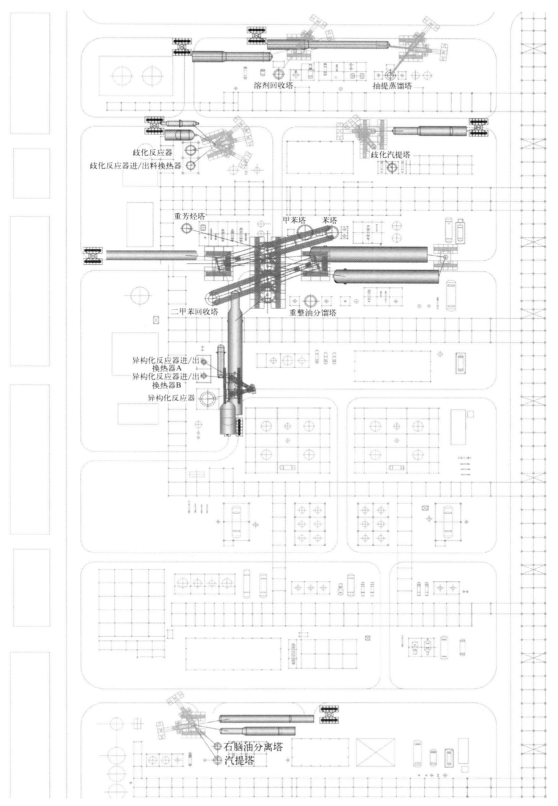

溶剂回收塔　　　　　抽提蒸馏塔

歧化反应器
歧化反应器进/出料换热器

歧化汽提塔

重芳烃塔　　　甲苯塔　　苯塔

二甲苯回收塔　　　　重整油分馏塔

异构化反应器进/出
换热器 A
异构化反应器进/出
换热器 B
异构化反应器

石脑油分离塔
汽提塔

图 13-1　芳烃联合装置吊装布局

① 甲苯塔、二甲苯回收塔、苯塔、重芳烃塔采用 ZCC3200NP 型 3200t 级履带式起重机主吊，ZCC12500 型 1250t 级履带式起重机、CC2600 型 500t 级履带式起重机、LR1400/2 型 400t 级履带式起重机抬尾，通过"单机提吊递送法"吊装；

② 重整油分馏塔、歧化反应器、汽提塔、歧化汽提塔、石脑油分离塔、歧化反应器进/出料换热器采用 ZCC12500 型 1250t 级履带式起重机主吊，CC2600 型 500t 级履带式起重机、LR1400/2 型 400t 级履带式起重机、CC1500 型 275t 级履带式起重机抬尾，通过"单机提吊递送法"吊装；

③ 抽提蒸馏塔、溶剂回收塔采用 SCC10000 型 1000t 级履带式起重机主吊，LR1400/2 型 400t 级履带式起重机、CC1500 型 275t 级履带式起重机抬尾，通过"单机提吊递送法"吊装；

④ 异构化反应器、异构化反应器进/出料换热器采用 XGC12000 型 800t 级履带式起重机主吊，LR1400/2 型 400t 级履带式起重机抬尾，通过"单机提吊递送法"吊装。

13.2.2　吊装参数设计

根据选用的吊装工艺和起重机械的性能参数确定 15 台设备的吊装参数，见表 13-2。

表 13-2　芳烃联合装置典型设备吊装参数

序号	设备名称	计算质量/t	索具质量/t	吊装质量/t	主/副起重机吨级	臂杆长度/m	作业半径/m	额定载荷/t	最大负载率
1	甲苯塔	1500.0	139.0	1802.9	3200t	108	26.0	1863.0	96.77%
		542.0	31.0	630.3	1250t	42	12.0	735.0	85.76%
2	二甲苯回收塔	1080.0	139.0	1340.9	3200t	108	36.5	1580.0	84.87%
		400.0	12.0	453.2	500t	36	9.0	500.0	90.64%
3	苯塔	890.0	139.0	1131.9	3200t	108	43.0	1228.0	92.17%
		332.0	31.0	399.3	1250t	42	12.0	465.0	85.87%
4	重整油分馏塔	495.0	45.0	594.0	1250t	78	22.0	675.0	88.00%
		249.2	18.0	293.9	400t	42	8.0	350.0	83.98%
5	重芳烃塔	494.0	139.0	696.3	3200t	108	54.0	834.0	83.49%
		230.0	10.0	264.0	400t	42	15.0	325.0	81.23%
6	歧化反应器	408.0	32.0	484.0	1250t	66	18.0	619.0	78.19%
		170.0	18.0	206.8	500t	42	12.0	450.0	45.96%
7	异构化反应器	404.5	36.7	485.3	800t	66	16.0	560.0	86.66%
		184.0	11.5	215.1	400t	42	15.0	350.0	61.44%
8	抽提蒸馏塔	359.9	61.0	463.0	1000t	96	22.0	475.0	97.47%
		180.0	10.0	209.0	400t	42	15.0	325.5	64.21%
9	汽提塔	350.0	50.0	440.0	1250t	84	28.0	525.0	83.81%
		155.0	6.0	177.1	275t	36	8.0	184.0	96.25%
10	异构化反应器进/出料换热器	349.5	15.0	401.0	800t	66	20.0	443.0	90.51%
		210.0	10.0	242.0	400t	42	15.0	350.0	69.14%

续表

序号	设备名称	计算质量/t	索具质量/t	吊装质量/t	主/副起重机吨级	臂杆长度/m	作业半径/m	额定载荷/t	最大负载率
11	歧化汽提塔	300.0	15.0	346.5	1250t	78	18.0	386.0	89.77%
		130.0	10.0	154.0	400t	42	15.0	325.0	47.38%
12	石脑油分离塔	292.0	50.0	376.2	1250t	84	26.0	383.0	98.22%
		125.0	6.0	144.1	275t	36	8.0	184.0	78.32%
13	溶剂回收塔	290.0	61.0	386.0	1000t	96	22.0	475.0	81.28%
		119.0	8.0	139.7	275t	21	8.5	163.2	85.60%
14	歧化反应器进/出料换热器	236.0	23.2	285.1	1250t	66	22.0	318.0	89.66%
		124.5	11.5	149.6	400t	35	12.0	157.0	95.29%

13.2.3 吊耳及索具设置

（1）甲苯塔吊耳及索具设置

芳烃联合装置甲苯塔主吊采用 1 对 AXC-800 型管轴式吊耳，设置在上封头切线向下 7000mm 处，方位为 225°和 45°；抬尾采用 2 个 AP-300 型板式吊耳，设置在裙座处，方位为 315°。芳烃联合装置甲苯塔吊耳方位见图 13-2。

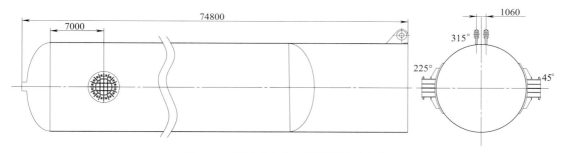

图 13-2 芳烃联合装置甲苯塔吊耳方位

芳烃联合装置甲苯塔主吊配备 1 根支撑式平衡梁，吊钩与吊耳之间采用 1 对 $\phi270\text{mm}\times62\text{m}$ 的无接头钢丝绳绳圈连接，吊钩与平衡梁之间采用 1 对 $\phi72\text{mm}\times20\text{m}$ 的无接头钢丝绳绳圈和 2 个 200t 级卸扣连接；抬尾采用 1 对 $\phi132\text{mm}\times28\text{m}$ 的钢丝绳（单根对折使用），通过 2 个 400t 级卸扣与抬尾吊耳连接。

（2）二甲苯回收塔吊耳及索具设置

芳烃联合装置二甲苯回收塔主吊采用 1 对 AXC-600 型管轴式吊耳，设置上封头切线向下 18000mm 处，方位为 294°和 114°；抬尾采用 2 个 AP-250 型板式吊耳，设置在裙座处，方位为 24°。芳烃联合装置二甲苯回收塔吊耳方位见图 13-3。

芳烃联合装置二甲苯回收塔主吊配备 1 根支撑式平衡梁，吊钩与吊耳之间采用 1 对 $\phi198\text{mm}\times70\text{m}$ 的无接头钢丝绳绳圈连接，吊钩与平衡梁之间采用 1 对 $\phi72\text{mm}\times20\text{m}$ 的无接头钢丝绳绳圈和 2 个 200t 级卸扣连接；抬尾采用 1 对 $\phi112\text{mm}\times24\text{m}$ 的钢丝绳（单根对折使用），通过 2 个 300t 级卸扣与抬尾吊耳连接。

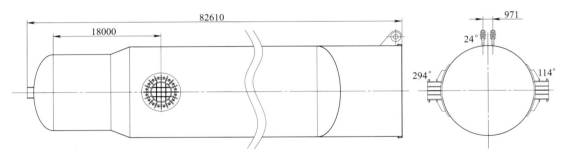

图 13-3　芳烃联合装置二甲苯回收塔吊耳方位

（3）苯塔吊耳及索具设置

芳烃联合装置苯塔主吊采用 1 对 AXC-500 型管轴式吊耳，设置在上封头切线向下 5000mm 处，方位为 300°和 120°；抬尾采用 2 个 AP-200 型板式吊耳，设置在裙座处，方位为 30°。芳烃联合装置苯塔吊耳方位见图 13-4。

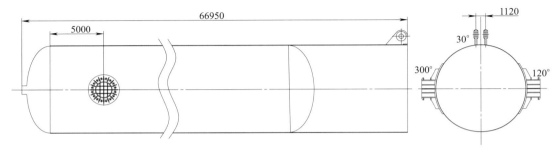

图 13-4　芳烃联合装置苯塔吊耳方位

芳烃联合装置苯塔主吊配备 1 根支撑式平衡梁，吊钩与吊耳之间采用 1 对 ϕ198mm× 70m 的无接头钢丝绳绳圈连接，吊钩与平衡梁之间采用 1 对 ϕ72mm×20m 的无接头钢丝绳绳圈和 2 个 200t 级卸扣连接；抬尾采用 1 对 ϕ112mm×24m 的钢丝绳（单根对折使用），通过 2 个 200t 级卸扣与抬尾吊耳连接。

（4）重整油分馏塔吊耳及索具设置

芳烃联合装置重整油分馏塔主吊采用 1 对 AXC-300 型管轴式吊耳，设置在上封头切线向下 4800mm 处，方位为 248°和 68°；抬尾采用 2 个 AP-125 型板式吊耳，设置在裙座处，方位为 338°。芳烃联合装置重整油分馏塔吊耳方位见图 13-5。

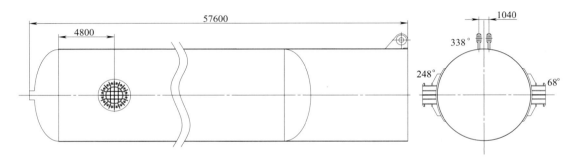

图 13-5　芳烃联合装置重整油分馏塔吊耳方位

芳烃联合装置重整油分馏塔主吊配备 1 根支撑式平衡梁, 吊钩与吊耳之间采用 1 对 $\phi198mm\times44m$ 的无接头钢丝绳绳圈连接, 吊钩与平衡梁之间采用 1 对 $\phi72mm\times24m$ 的无接头钢丝绳绳圈和 2 个 200t 级卸扣连接; 抬尾采用 1 对 $\phi112mm\times24m$ 的钢丝绳 (单根对折使用), 通过 2 个 200t 级卸扣与抬尾吊耳连接。

（5）重芳烃塔吊耳及索具设置

芳烃联合装置重芳烃塔主吊采用 1 对 AXC-300 型管轴式吊耳, 设置在上封头切线向下 3500mm 处, 方位为 218°和 38°; 抬尾采用 2 个 AP-125 型板式吊耳, 设置在裙座处, 方位为 308°。芳烃联合装置重芳烃塔吊耳方位见图 13-6。

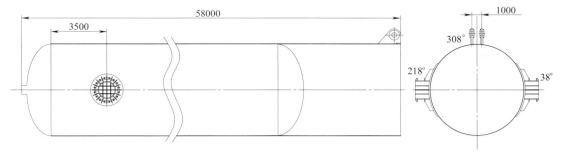

图 13-6　芳烃联合装置重芳烃塔吊耳方位

芳烃联合装置重芳烃塔主吊配备 1 根支撑式平衡梁, 吊钩与吊耳之间采用 1 对 $\phi198mm\times44m$ 的无接头钢丝绳绳圈连接, 吊钩与平衡梁之间采用 1 对 $\phi72mm\times24m$ 的无接头钢丝绳绳圈和 2 个 200t 级卸扣连接; 抬尾采用 1 对 $\phi112mm\times24m$ 的钢丝绳 (单根对折使用), 通过 2 个 200t 级卸扣与抬尾吊耳连接。

（6）歧化反应器吊耳及索具设置

芳烃联合装置歧化反应器主吊采用 1 个 DG-450 型吊盖式吊耳, 与顶部法兰口连接; 抬尾采用 2 个 AP-100 型板式吊耳, 设置在裙座处, 方位为 0°。芳烃联合装置歧化反应器吊耳方位见图 13-7。

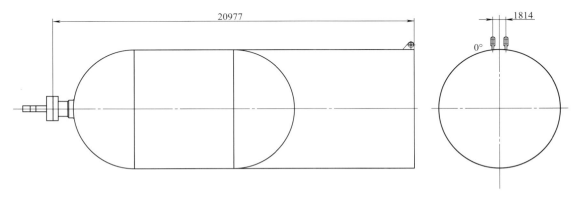

图 13-7　芳烃联合装置歧化反应器吊耳方位

芳烃联合装置歧化反应器主吊采用 1 根 $\phi240mm\times34m$ 的压制钢丝绳 (单根对折使用), 通过 1 个 500t 级卸扣与主吊耳连接; 抬尾采用 1 对 $\phi92mm\times24m$ 的钢丝绳, 通过 2 个 120t 级卸扣与抬尾吊耳连接。

（7）异构化反应器吊耳及索具设置

芳烃联合装置异构化反应器主吊采用 1 个 DG-450 型吊盖式吊耳，与顶部法兰口连接；抬尾采用 2 个 AP-100 型板式吊耳，设置在裙座处，方位为 0°。芳烃联合装置异构化反应器吊耳方位见图 13-8。

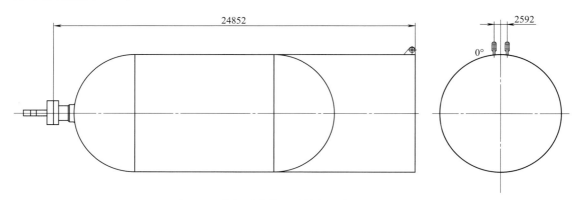

图 13-8　芳烃联合装置异构化反应器吊耳方位

芳烃联合装置异构化反应器主吊采用 1 根 $\phi240mm\times34m$ 的压制钢丝绳（单根对折使用），通过 1 个 500t 级卸扣与主吊耳连接；抬尾采用一对 $\phi92mm\times24m$ 的钢丝绳，通过 2 个 120t 级卸扣与抬尾吊耳连接。

（8）抽提蒸馏塔吊耳及索具设置

芳烃联合装置抽提蒸馏塔主吊采用 1 对 AXC-200 型管轴式吊耳，设置在上封头切线向下 6000mm 处，方位为 295°和 115°；抬尾采用 2 个 AP-100 型板式吊耳，设置在裙座处，方位为 25°。芳烃联合装置抽提蒸馏塔吊耳方位见图 13-9。

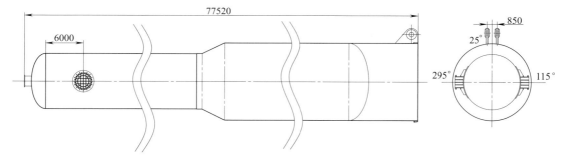

图 13-9　芳烃联合装置抽提蒸馏塔吊耳方位

芳烃联合装置抽提蒸馏塔主吊配备 1 根支撑式平衡梁，吊钩与吊耳之间采用 1 对 $\phi274mm\times46m$ 的无接头钢丝绳绳圈连接，吊钩与平衡梁之间采用 1 对 $\phi72mm\times13.8m$ 的压制钢丝绳（单根对折使用）和 2 个 85t 级卸扣连接；抬尾采用 1 对 $\phi92mm\times24m$ 的钢丝绳，通过 2 个 120t 级卸扣与抬尾吊耳连接。

（9）汽提塔吊耳及索具设置

芳烃联合装置汽提塔主吊采用 1 对 AXC-200 型管轴式吊耳，设置在上封头切线向下 4500mm 处，方位为 113°和 293°；抬尾采用 2 个 AP-100 型板式吊耳，设置在裙座处，方位为 203°。芳烃联合装置汽提塔吊耳方位见图 13-10。

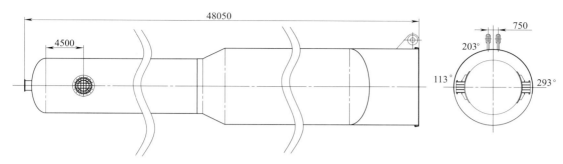

图 13-10　芳烃联合装置汽提塔吊耳方位

芳烃联合装置汽提塔主吊配备 1 根支撑式平衡梁,吊钩与吊耳之间采用 1 对 ϕ132mm× 40m 的无接头钢丝绳绳圈连接,吊钩与平衡梁之间采用 1 对 ϕ44mm×15.3m 的压制钢丝绳 (单根对折使用) 和 2 个 85t 级卸扣连接;抬尾采用 1 对 ϕ90mm×24m 的钢丝绳,通过两个 120t 级卸扣与抬尾吊耳连接。

(10) 异构化反应器进/出料换热器吊耳及索具设置

芳烃联合装置异构化反应器进/出料换热器主吊采用 2 个 DG-175 型吊盖式吊耳,分别 与顶部接管的法兰口连接;抬尾采用 2 个 AP-125 型板式吊耳,设置在下封头切线向上 500mm 处,方位为 270°。芳烃联合装置异构化反应器进/出料换热器吊耳方位见图 13-11。

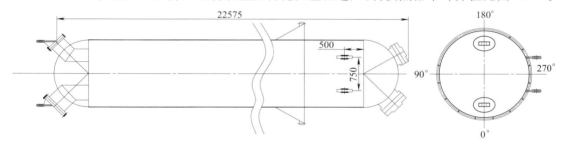

图 13-11　芳烃联合装置异构化反应器进/出料换热器吊耳方位

芳烃联合装置异构化反应器进/出料换热器主吊采用 1 对 ϕ120mm×20m 的无接头钢丝 绳绳圈,通过 2 个 200t 级卸扣与主吊耳连接;抬尾采用 1 对 ϕ90mm×24m 的钢丝绳,通过 2 个 150t 级卸扣与抬尾吊耳连接。

(11) 歧化汽提塔吊耳及索具设置

芳烃联合装置歧化汽提塔主吊采用 1 对 AXC-175 型管轴式吊耳,设置在上封头切线向 下 3960mm 处,方位为 18°和 198°;抬尾采用 2 个 AP-75 型板式吊耳,设置在裙座处,方位 为 108°。芳烃联合装置歧化汽提塔吊耳方位见图 13-12。

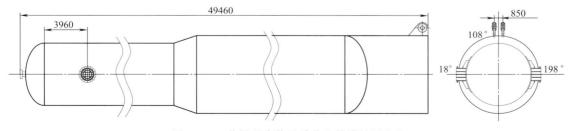

图 13-12　芳烃联合装置歧化汽提塔吊耳方位

芳烃联合装置歧化汽提塔主吊配备 1 根支撑式平衡梁，吊钩与吊耳之间采用 1 对 ϕ132mm×40m 的无接头钢丝绳绳圈连接，吊钩与平衡梁之间采用 1 对 ϕ56mm×16m 的压制钢丝绳（单根对折使用）和 2 个 85t 级卸扣连接；抬尾采用 1 对 ϕ90mm×24m 的钢丝绳，通过 2 个 120t 级卸扣与抬尾吊耳连接。

（12）石脑油分离塔吊耳及索具设置

芳烃联合装置石脑油分离塔主吊采用 1 对 AXC-200 型管轴式吊耳，设置在上封头切线向下 5130mm 处，方位为 156°和 336°；抬尾采用 2 个 AP-75 型板式吊耳，设置在裙座处，方位为 246°。芳烃联合装置石脑油分离塔吊耳方位见图 13-13。

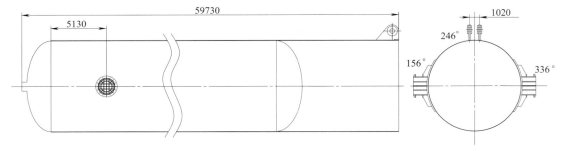

图 13-13　芳烃联合装置石脑油分离塔吊耳方位

芳烃联合装置石脑油分离塔主吊配备 1 根支撑式平衡梁，吊钩与吊耳之间采用 1 对 ϕ132mm×40m 的无接头钢丝绳绳圈连接，吊钩与平衡梁之间采用 1 对 ϕ44mm×15.3m 的压制钢丝绳（单根对折使用）和 2 个 85t 级卸扣连接；抬尾采用 1 对 ϕ90mm×24m 的钢丝绳，通过 2 个 120t 级卸扣与抬尾吊耳连接。

（13）溶剂回收塔吊耳及索具设置

芳烃联合装置溶剂回收塔主吊采用 1 对 AXC-150 型管轴式吊耳，设置在上封头切线向下 4500mm 处，方位为 150°和 330°；抬尾采用 2 个 AP-75 型板式吊耳，设置在裙座处，方位为 240°。芳烃联合装置溶剂回收塔吊耳方位见图 13-14。

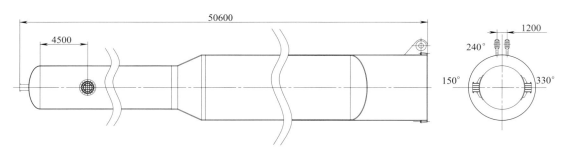

图 13-14　芳烃联合装置溶剂回收塔吊耳方位

溶剂回收塔主吊配备 1 根支撑式平衡梁，吊钩与吊耳之间采用 1 对 ϕ132mm×40m 的无接头钢丝绳绳圈连接，吊钩与平衡梁之间采用 1 对 ϕ56mm×16m 的压制钢丝绳（单根对折使用）和 2 个 85t 级卸扣连接；抬尾采用 1 对 ϕ90mm×24m 的钢丝绳，通过 2 个 120t 级卸扣与抬尾吊耳连接。

（14）歧化反应器进/出料换热器吊耳及索具设置

芳烃联合装置歧化反应器进/出料换热器主吊采用 1 对 AXC-125 型管轴式吊耳，设置在上封头切线向下 2500mm 处，方位为 180° 和 0°；抬尾采用 2 个 AP-75 型板式吊耳，设置在下封头切线向上 500mm 处，方位为 90°。芳烃联合装置歧化反应器进/出料换热器吊耳方位见图 13-15。

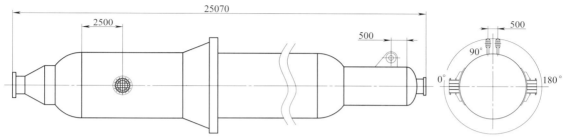

图 13-15　芳烃联合装置歧化反应器进/出料换热器吊耳方位

芳烃联合装置歧化反应器进/出料换热器主吊配备 1 根支撑式平衡梁，吊钩与吊耳之间采用 1 对 ϕ132mm×40m 的无接头钢丝绳绳圈连接，吊钩与平衡梁之间采用 1 对 ϕ48mm×16m 的压制钢丝绳（单根对折使用）和 2 个 55t 级卸扣连接；抬尾采用 1 对 ϕ90mm×24m 的钢丝绳，通过 2 个 120t 级卸扣与抬尾吊耳连接。

13.3　施工掠影

芳烃联合装置二甲苯回收塔、歧化反应器进/出料换热器吊装见图 13-16、图 13-17。

图 13-16　芳烃联合装置二甲苯
回收塔吊装

图 13-17　芳烃联合装置歧化反应器
进/出料换热器吊装

第14章
连续重整装置

14.1 典型设备介绍

260 万 t/a 连续重整装置有净质量等于大于 200t 的典型设备 4 台,其参数见表 14-1。

表 14-1　260 万 t/a 连续重整装置典型设备参数

序号	设备名称	设备规格(直径×高)/mm×mm	安装标高/mm	设备本体质量/t	预焊件质量/t	附属设施质量/t	设备总质量/t	数量/台
1	重整第三/第四反应器	φ2770/φ3100×55605	18500	334.0	6.7		340.7	1
2	重整混合进料换热器	φ4090×24418	18500	289.0			289.0	1
3	重整第一/第二反应器	φ1600/φ3000×55605	18500	274.7	6.7		281.4	1
4	重整循环氢压缩机	7360×4940×4270(长×宽×高)	8500	278.8			278.8	1

14.2 吊装方案设计

14.2.1 吊装工艺选择

针对该装置 4 台典型设备的参数、空间布置和现场施工资源总体配置计划,吊装方案设计时预计投入 XGC12000 型 800t 级履带式起重机 1 台、SCC4000A-2 型 400t 级履带式起重机 1 台完成所有吊装工作,吊装布局见图 14-1。

① 重整混合进料换热器、重整第一/第二反应器、重整第三/第四反应器采用 XGC12000 型 800t 级履带式起重机主吊,SCC4000A-2 型 400t 级履带式起重机抬尾,通过"单机提吊递送法"吊装;

② 重整循环氢压缩机采用 XGC12000 型 800t 级履带式起重机,通过"单机提吊旋转法"吊装。

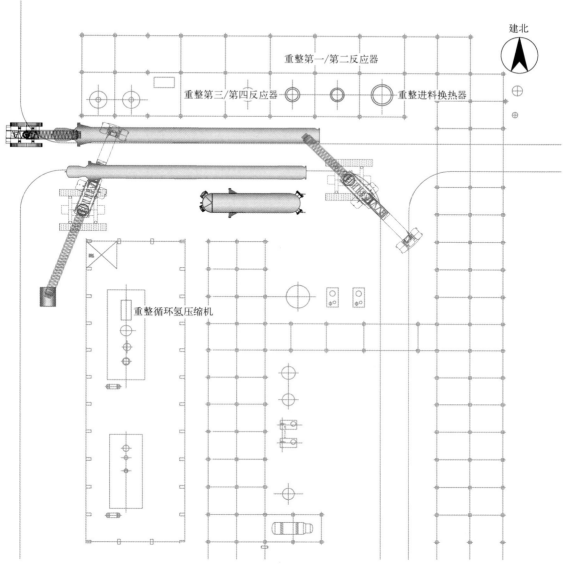

图 14-1　260 万 t/a 连续重整装置吊装布局

14.2.2　吊装参数设计

根据选用的吊装工艺和起重机械的性能参数确定 4 台设备的吊装参数，见表 14-2。

表 14-2　260 万 t/a 连续重整装置典型设备吊装参数

序号	设备名称	计算质量 /t	索具质量 /t	吊装质量 /t	主/副起重 机吨级	臂杆长度 /m	作业半径 /m	额定载荷/t	最大 负载率
1	重整混合进 料换热器	289.0	24.1	344.4	800t	90	20.0	356.0	97%
		169.7	11.0	198.8	400t	48	12.0	221.0	90%
2	重整第三/ 第四反应器	340.7	23.6	400.7	800t	90	18.5	425.0	94%
		170.0	11.0	199.1	400t	48	10.0	221.0	90%

序号	设备名称	计算质量/t	索具质量/t	吊装质量/t	主/副起重机吨级	臂杆长度/m	作业半径/m	额定载荷/t	最大负载率
3	重整第一/第二反应器	281.4	23.6	335.5	800t	90	18.5	388.5	86%
		144.7	11.0	171.3	400t	48	10.0	179.9	95%
4	重整循环氢压缩机	278.8	29.8	308.6	800t	90	32.0	321.0	96%

14.2.3 吊耳及索具设置

（1）重整混合进料换热器吊耳及索具设置

260 万 t/a 连续重整装置重整混合进料换热器主吊采用 2 个 DG-150 型吊盖式吊耳，分别设置在上封头管口法兰面处，方位为 90°和 270°；抬尾采用 2 个 AP-100 型板式吊耳，设置在裙座处，方位为 0°。260 万 t/a 连续重整装置重整混合进料换热器吊耳方位见图 14-2。

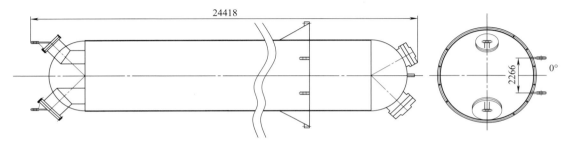

图 14-2　260 万 t/a 连续重整装置重整混合进料换热器吊耳方位

260 万 t/a 连续重整装置重整混合进料换热器主吊配备 1 根支撑式平衡梁，吊钩与吊耳之间采用 1 对 ϕ90mm×20m 的压制钢丝绳（单根对折使用）和 2 个 150t 级卸扣连接，吊钩与平衡梁之间采用 1 对 ϕ65mm×6m 的钢丝绳和 2 个 25t 级卸扣连接；抬尾采用 1 对 ϕ72mm×28m 的钢丝绳（单根双折使用），通过 2 个 120t 级卸扣与抬尾吊耳连接。

（2）重整第三/第四反应器吊耳及索具设置

260 万 t/a 连续重整装置重整第三/第四反应器主吊采用 1 对 AXC-150 型管轴式吊耳，设置在顶部法兰面向下 2800mm 处，方位为 50°和 230°；抬尾采用 2 个 AP-75 型板式吊耳，设置在裙座处，方位为 140°。260 万 t/a 连续重整装置重整第三/第四反应器吊耳方位见图 14-3。

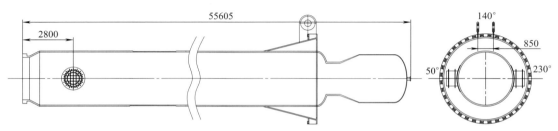

图 14-3　260 万 t/a 连续重整装置重整第三/第四反应器吊耳方位

260 万 t/a 连续重整装置重整第三/第四反应器主吊配备 1 根支撑式平衡梁，吊钩与吊耳之间采用 1 对 ϕ90mm×20m 的压制钢丝绳连接，吊钩与平衡梁之间采用 1 对 ϕ65mm×6m

的钢丝绳和 2 个 25t 级卸扣连接；抬尾采用 1 对 ϕ72mm×28m 的钢丝绳（单根双折使用），通过 2 个 120t 级卸扣与抬尾吊耳连接。

（3）重整第一/第二反应器吊耳及索具设置

260 万 t/a 连续重整装置重整第一/第二反应器主吊采用 1 对 AXC-150 型管轴式吊耳，设置在顶部法兰面向下 2245mm 处，方位为 180°和 0°；抬尾采用 2 个 AP-75 型板式吊耳，设置在裙座处，方位为 270°。260 万 t/a 连续重整装置重整第一/第二反应器吊耳方位见图 14-4。

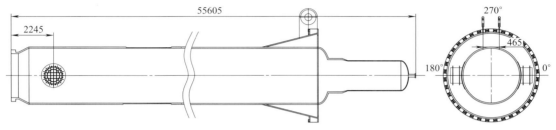

图 14-4　260 万 t/a 连续重整装置重整第一/第二反应器吊耳方位

260 万 t/a 连续重整装置重整第一/第二反应器主吊配备 1 根支撑式平衡梁，吊钩与吊耳之间采用 1 对 ϕ90mm×20m 的压制钢丝绳连接，吊钩与平衡梁之间采用 1 对 ϕ65mm×6m 的钢丝绳和 2 个 25t 级卸扣连接；抬尾采用 1 对 ϕ72mm×28m 的钢丝绳（单根双折使用），通过 2 个 120t 级卸扣与抬尾吊耳连接。

（4）重整循环氢压缩机吊耳及索具设置

260 万 t/a 连续重整装置重整循环氢压缩机吊装时采用 1 对 ϕ90mm×20m 的压制钢丝绳（单根对折使用），通过 4 个 85t 级卸扣与设备上自带的 4 个 AP-85 型板式吊耳连接。

14.3　施工掠影

260 万 t/a 连续重整装置重整反应器、重整混合进料换热器吊装见图 14-5～图 14-8。

图 14-5　260 万 t/a 连续重整装置
重整反应器吊装（1）

图 14-6　260 万 t/a 连续重整装置
重整反应器吊装（2）

图 14-7   260 万 t/a 连续重整装置
重整反应器吊装（3）

图 14-8   260 万 t/a 连续重整装置
重整混合进料换热器吊装

第15章

硫磺回收及尾气处理装置

15.1 典型设备介绍

4×15万 t/a 硫磺回收及尾气处理装置有净质量等于大于 200t 的典型设备 4 台，其参数见表 15-1。

表 15-1 4×15万 t/a 硫磺回收及尾气处理装置典型设备参数表

序号	设备名称	设备规格（长×宽×高）/mm×mm×mm	安装标高/mm	设备本体质量/t	预焊件质量/t	附属设施质量/t	设备总质量/t	数量/台
1	制硫蒸汽发生器（含汽包）	11000×5000×7805	3700	247.0			247.0	4

15.2 吊装方案设计

15.2.1 吊装工艺选择

针对该装置制硫蒸汽发生器（含汽包）的参数、空间布置和现场施工资源总体配置计划，吊装方案设计时预计投入 SCC4000A-2 型 400t 级履带式起重机 1 台，通过"单机提吊旋转法"吊装，吊装布局见图 15-1。

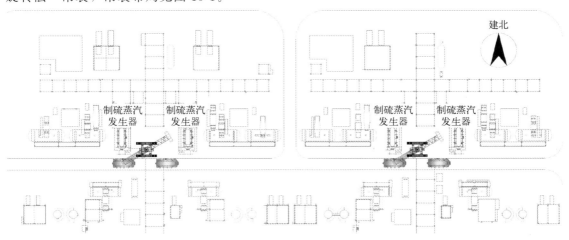

图 15-1 4×15万 t/a 硫磺回收及尾气处理装置吊装布局

15.2.2 吊装参数设计

根据选用的吊装工艺和起重机械的性能参数确定 4 台设备的吊装参数，见表 15-2。

表 15-2　4×15 万 t/a 硫磺回收及尾气处理装置典型设备吊装参数

序号	设备名称	计算质量 /t	索具质量 /t	吊装质量 /t	主/副起 重机吨级	臂杆长度 /m	作业半径 /m	额定载荷 /t	最大负 载率
1	制硫蒸汽发生器 （含汽包）	247.0	22.9	296.9	400t	48	14.0	318.0	93%

15.2.3 吊装索具设置

4×15 万 t/a 硫磺回收及尾气处理装置制硫蒸汽发生器（含汽包）为卧式设备，吊装时不设置吊耳，采用"兜挂法"。

4×15 万 t/a 硫磺回收尾气处理装置制硫蒸汽发生器（含汽包）吊装时配备 1 根支撑式平衡梁，吊钩与平衡梁之间采用 1 对 $\phi 44mm \times 8m$ 的压制钢丝绳（单根对折使用）和 2 个 35t 级卸扣连接，吊钩与设备之间采用 1 对 $\phi 120mm \times 40m$ 的压制钢丝绳（单根对折使用）直接将设备"兜起来"。

15.3 施工掠影

4×15 万 t/a 硫磺回收及尾气处理装置制硫蒸汽发生器（含汽包）吊装见图 15-2。

图 15-2　4×15 万 t/a 硫磺回收及尾气处理装置制硫蒸汽发生器（含汽包）吊装

第16章
丙烯腈联合装置

16.1 典型设备介绍

26 万 t/a 丙烯腈联合装置有净质量大于等于 200t 的典型设备 4 台，其参数见表 16-1。

表 16-1 26 万 t/a 丙烯腈联合装置典型设备参数

序号	设备名称	设备规格（直径×高）/mm×mm	安装标高/mm	设备本体质量/t	预焊件质量/t	附属设施质量/t	设备总质量/t	数量/台
1	反应器	$\phi 9550/\phi 3000 \times 33845$	200	597.0	2.5		599.5	2
2	吸收塔	$\phi 5800 \times 55350$	200	201.0	15.0	72.4	288.4	1
3	回收塔	$\phi 5800/\phi 4200 \times 69080$	200	195.0	11.0	54.0	260.0	1

16.2 吊装方案设计

16.2.1 吊装工艺选择

针对该装置 4 台典型设备的参数、空间布置和现场施工资源总体配置计划，吊装方案设计时预计投入 ZCC32000 型 2000t 级履带式起重机 1 台、XGC12000 型 800t 级履带式起重机 1 台、SCC6500A 型 650t 级履带式起重机 1 台、QUY260 型 260t 级履带式起重机 1 台完成所有吊装工作，吊装布局见图 16-1。

① 反应器采用 ZCC32000 型 2000t 级履带式起重机主吊，SCC6500A 型 650t 级履带式起重机抬尾，通过"单机提吊递送法"吊装；

② 回收塔采用 XGC12000 型 800t 级履带式起重机主吊，QUY260 型 260t 级履带式起重机抬尾，通过"单机提吊递送法"吊装；

③ 吸收塔采用 SCC6500A 型 650t 级履带式起重机主吊，QUY260 型 260t 级履带式起重机抬尾，通过"单机提吊递送法"吊装。

16.2.2 吊装参数设计

根据选用的吊装工艺和起重机械性能参数确定 4 台设备的吊装参数，见表 16-2。

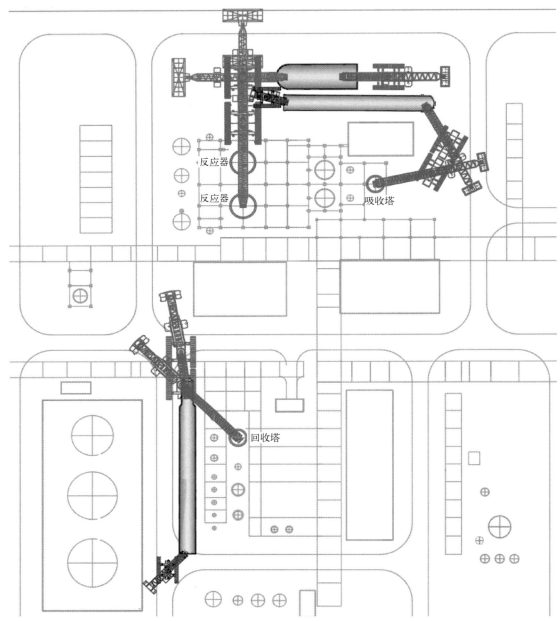

图 16-1　26 万 t/a 丙烯腈联合装置吊装布局

表 16-2　26 万 t/a 丙烯腈联合装置典型设备吊装参数

序号	设备名称	计算质量 /t	索具质量 /t	吊装质量 /t	主/副起重 机吨级	臂杆 长度/m	作业半径 /m	额定载荷 /t	最大负 载率
1	反应器	599.5	90.0	758.5	2000t	72	32.0	770.0	98.50%
		209.0	30.0	262.9	650t	54	12.0	288.0	91.28%
2	吸收塔	288.4	30.0	350.2	650t	78	22.0	356.0	98.38%
		143.0	5.0	162.8	260t	27	8.0	173.6	93.78%
3	回收塔	260.0	30.0	319.0	800t	93	30.0	323.0	98.76%
		133.0	5.0	151.8	260t	27	8.0	173.6	87.44%

16.2.3　吊耳及索具设置

（1）反应器吊耳及索具设置

26 万 t/a 丙烯腈联合装置反应器主吊采用 1 对 AXC-300 型管轴式吊耳，设置在上封头切线向下 2433mm 处，方位为 256.5°和 76.5°；抬尾采用 4 个 AP-75 型板式吊耳，设置在裙座处，方位为 346.5°。26 万 t/a 丙烯腈联合装置反应器吊耳方位见图 16-2。

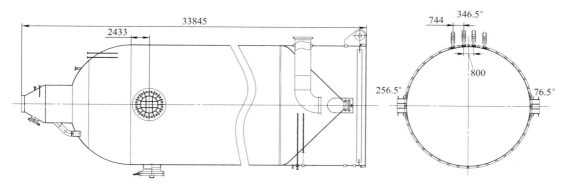

图 16-2　26 万 t/a 丙烯腈联合装置反应器吊耳方位

26 万 t/a 丙烯腈联合装置反应器主吊配备 1 根支撑式平衡梁，吊钩与吊耳之间采用 1 对 ϕ220mm×50m 的无接头钢丝绳绳圈连接，吊钩与平衡梁之间采用 1 对 ϕ65mm×20m 的钢丝绳和 2 个 120t 级卸扣连接；抬尾采用 1 对 ϕ120mm×30m 的钢丝绳（单根对折使用），通过 4 个 85t 级卸扣与抬尾吊耳连接。

（2）吸收塔吊耳及索具设置

26 万 t/a 丙烯腈联合装置吸收塔主吊采用 1 对 AXC-150 型管轴式吊耳，设置在上封头切线向下 3475mm 处，方位为 270°和 90°；抬尾采用 2 个 AP-75 型板式吊耳，设置在裙座处，方位为 0°。26 万 t/a 丙烯腈联合装置吸收塔吊耳方位见图 16-3。

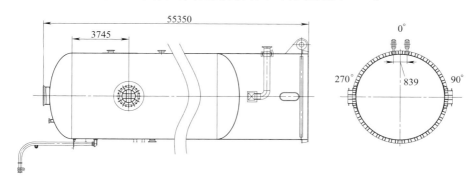

图 16-3　26 万 t/a 丙烯腈联合装置吸收塔吊耳方位

26 万 t/a 丙烯腈联合装置吸收塔主吊配备 1 根支撑式平衡梁，吊钩与吊耳之间采用一对 ϕ120mm×48m 的钢丝绳连接，吊钩与平衡梁之间采用 1 对 ϕ39mm×20m 的钢丝绳和 2 个 55t 级卸扣连接；抬尾采用 1 对 ϕ83mm×20m 的钢丝绳（单根对折使用），通过 2 个 85t 级卸扣与抬尾吊耳连接。

（3）回收塔吊耳及索具设置

26 万 t/a 丙烯腈联合装置回收塔主吊采用 1 对 AXC-150 型管轴式吊耳，设置在上封头切线向下 4385mm 处，方位为 229°和 49°；抬尾采用 2 个 AP-75 型板式吊耳，设置在裙座处，方位为 319°。26 万 t/a 丙烯腈联合装置回收塔吊耳方位见图 16-4。

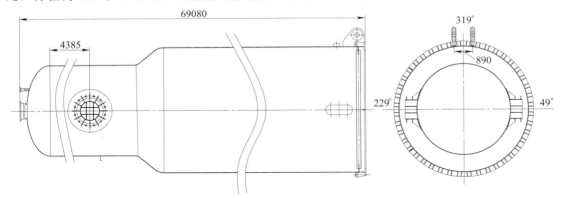

图 16-4　26 万 t/a 丙烯腈联合装置回收塔吊耳方位

26 万 t/a 丙烯腈联合装置回收塔主吊配备 1 根支撑式平衡梁，吊钩与吊耳之间采用 1 对 ϕ120mm×30m 的钢丝绳连接，吊钩与平衡梁之间采用 1 对 ϕ39mm×20m 的钢丝绳和 2 个 55t 级卸扣连接；抬尾采用 1 对 ϕ83mm×20m 的钢丝绳（单根对折使用），通过 2 个 85t 级卸扣与抬尾吊耳连接。

16.3　施工掠影

26 万 t/a 丙烯腈联合装置反应器、吸收塔吊装见图 16-5、图 16-6。

图 16-5　26 万 t/a 丙烯腈联合装置反应器吊装

图 16-6　26 万 t/a 丙烯腈联合装置吸收塔吊装

第**17**章

高密度聚乙烯装置

17.1 典型设备介绍

30万t/a高密度聚乙烯装置有净质量大于等于200t的典型设备2台，其参数见表17-1。

表 17-1　30万t/a高密度聚乙烯装置典型设备参数

序号	设备名称	设备规格(直径×高)/mm×mm	安装标高/mm	设备本体质量/t	预焊件质量/t	附属设施质量/t	设备总质量/t	数量/台
1	蒸汽转鼓干燥器及回收系统	$\phi3800×32000$	7000	240.0			240.0	1
2	脱气仓	$\phi3400/\phi6800×37124$	23600	216.3	2.5		218.8	1

17.2 吊装方案设计

17.2.1 吊装工艺选择

针对该装置2台典型设备的参数、空间布置和现场施工资源总体配置计划，吊装方案设计时预计投入SCC6500A型650t级履带式起重机1台、QUY260型260t级履带式起重机1台完成所有吊装工作，吊装布局见图17-1。

① 脱气仓采用SCC6500A型650t级履带式起重机主吊，QUY260型260t级履带式起重机抬尾，通过"单机提吊递送法"吊装；

② 蒸汽转鼓干燥器及回收系统采用SCC6500A型650t级履带式起重机，通过"单机提吊旋转法"吊装。

17.2.2 吊装参数设计

根据选用的吊装工艺和起重机械的性能参数确定2台设备的吊装参数，见表17-2。

17.2.3 吊耳及索具设置

（1）蒸汽转鼓干燥器及回收系统吊耳及索具设置

30万t/a高密度聚乙烯装置蒸汽转鼓干燥器及回收系统吊装时不设置吊耳，采用"兜挂法"。30万t/a高密度聚乙烯装置蒸汽转鼓干燥器及回收系统吊装时配备1根专用平衡梁，

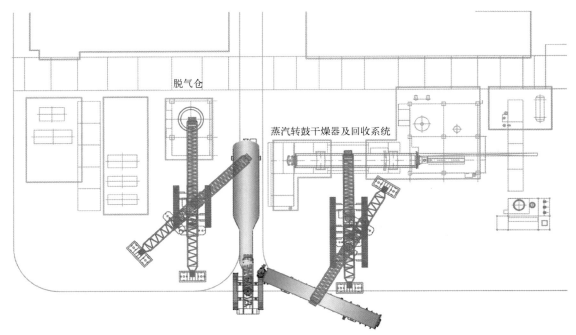

图 17-1　30 万 t/a 高密度聚乙烯装置吊装布局

表 17-2　30 万 t/a 高密度聚乙烯装置典型设备吊装参数

序号	设备名称	计算质量 /t	索具质量 /t	吊装质量 /t	主/副起重机吨级	臂杆长度 /m	作业半径 /m	额定载荷 /t	最大负载率
1	蒸汽转鼓干燥器及回收系统	240.0	30.0	297.0	650t	78	16.0	362.0	82.04%
2	脱气仓	218.8	30.0	273.7	650t	90	20.0	274.0	99.88%
		143.0	5.0	162.8	260t	27	8.0	180.0	90.44%

平衡梁与吊钩之间采用 1 对 ϕ39mm×20m 的钢丝绳和 2 个 55t 级卸扣连接，吊钩与设备之间采用 1 对 ϕ120mm×78m 的钢丝绳（由 ϕ120mm×48m 的钢丝绳和 ϕ120mm×30m 的钢丝绳通过 1 个 150t 级卸扣连接而成）直接将设备"兜起来"。

（2）脱气仓吊耳及索具设置

30 万 t/a 高密度聚乙烯装置脱气仓主吊采用 1 对 AXC-125 型管轴式吊耳，设置在上封头切线向下 4000mm 处，方位为 90°和 270°；抬尾采用 2 个 AP-75 型板式吊耳，设置在底部向上 15730mm 处，方位为 0°。30 万 t/a 高密度聚乙烯装置脱气仓吊耳方位见图 17-2。

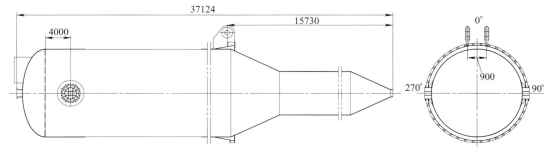

图 17-2　30 万 t/a 高密度聚乙烯装置脱气仓吊耳方位

　　30 万 t/a 高密度聚乙烯装置脱气仓主吊配备 1 根支撑式平衡梁，吊钩与吊耳之间采用 1 对 ϕ120mm×30m 的钢丝绳连接，吊钩与平衡梁之间采用 1 对 ϕ39mm×20m 的钢丝绳 2 个 55t 级卸扣连接；抬尾采用 1 对 ϕ83mm×20m 的钢丝绳（单根对折使用），通过 2 个 85t 级卸扣与抬尾吊耳连接。

17.3　施工掠影

　　30 万 t/a 高密度聚乙烯装置脱气仓、蒸汽转鼓干燥器及回收系统吊装见图 17-3、图 17-4。

图 17-3　30 万 t/a 高密度聚乙烯装置脱气仓吊装

图 17-4　30 万 t/a 高密度聚乙烯装置蒸汽转鼓干燥器及回收系统吊装

第18章

丁二烯装置

18.1 典型设备介绍

20 万 t/a 丁二烯装置有净质量大于等于 200t 的典型设备 4 台，其参数见表 18-1。

表 18-1 20 万 t/a 丁二烯装置典型设备参数

序号	设备名称	设备规格(直径×高)/mm×mm	安装标高/mm	设备本体质量/t	预焊件质量/t	附属设施质量/t	设备总质量/t	数量/台
1	第一萃取精馏塔（下段）	$\phi7310/\phi15400\times79200$	200	399.0	21.0	80.0	500.0	1
2	第一萃取精馏塔（上段）	$\phi7110/\phi5400\times73000$	200	340.0	18.0	70.0	428.0	1
3	脱重塔	$\phi6425/\phi4400\times67050$	200	209.0	11.0	55.0	275.0	1
4	汽提塔	$\phi6430/\phi4800\times65800$	200	304.0	15.0	84.0	403.0	1

18.2 吊装方案设计

18.2.1 吊装工艺选择

针对该装置 4 台典型设备的参数、空间布置和现场施工资源总体配置计划，吊装方案设计时预计投入 ZCC32000 型 2000t 级履带式起重机 1 台、SCC6500A 型 650t 级履带式起重机 1 台完成所有吊装工作，吊装布局图见图 18-1。

第一萃取精馏塔（下段）、第一萃取精馏塔（上段）、脱重塔、汽提塔采用 ZCC32000 型 2000t 级履带式起重机主吊，SCC6500A 型 650t 级履带式起重机抬尾，通过"单机提吊递送法"吊装。

18.2.2 吊装参数设计

根据选用的吊装工艺和起重机械的性能参数确定 4 台设备的吊装参数，见表 18-2。

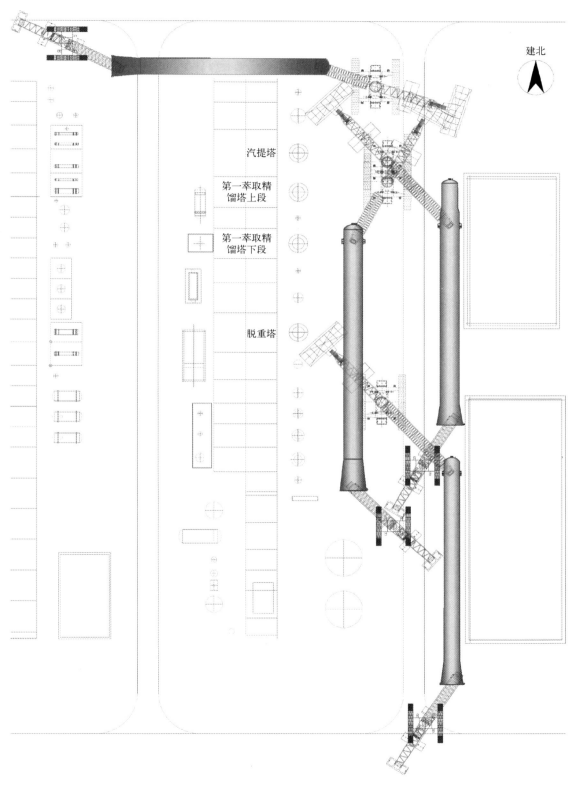

建北

汽提塔

第一萃取精
馏塔上段

第一萃取精
馏塔下段

脱重塔

图 18-1　20 万 t/a 丁二烯装置吊装布局

表 18-2　20 万 t/a 丁二烯装置典型设备吊装参数

序号	设备名称	计算质量/t	索具质量/t	吊装质量/t	主/副起重机吨级	臂杆长度/m	作业半径/m	额定载荷/t	最大负载率
1	第一萃取精馏塔（下段）	500.0	95.0	654.5	2000t	108	22.0	688.0	95.13%
		248.0	30.0	305.8	650t	78	12.0	318.0	96.16%
2	第一萃取精馏塔（上段）	428.0	95.0	575.3	2000t	108	28.0	620.0	92.79%
		187.0	30.0	238.7	650t	78	11.0	246.0	97.03%
3	脱重塔	275.0	95.0	407.0	2000t	108	22.0	688.0	59.16%
		135.0	30.0	181.5	650t	78	12.0	218.0	83.26%
4	汽提塔	403.0	95.0	547.8	2000t	108	30.0	554.0	98.88%
		188.0	30.0	239.8	650t	78	11.0	246.0	97.48%

18.2.3　吊耳及索具设置

（1）第一萃取精馏塔（下段）吊耳及索具设置

20 万 t/a 丁二烯装置第一萃取精馏塔（下段）主吊采用 1 对 AXC-300 型管轴式吊耳，设置在上封头切线向下 3940mm，方位为 180°和 0°；抬尾采用 2 个 AP-125 型板式吊耳，设置在裙座处，方位为 270°。20 万 t/a 丁二烯装置第一萃取精馏塔（下段）吊耳方位见图 18-2。

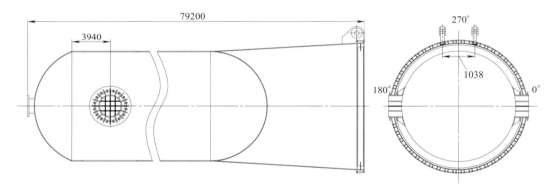

图 18-2　20 万 t/a 丁二烯装置第一萃取精馏塔（下段）吊耳方位

20 万 t/a 丁二烯装置第一萃取精馏塔（下段）主吊配备 1 根支撑式平衡梁，吊钩与吊耳之间采用 1 对 φ120mm×48m 的无接头钢丝绳绳圈连接，吊钩与平衡梁之间采用 1 对 φ39mm×12m 的钢丝绳和 2 个 55t 级卸扣连接；抬尾采用 1 对 φ120mm×30m 的钢丝绳（单根对折使用），通过 2 个 150t 级卸扣与抬尾吊耳连接。

（2）第一萃取精馏塔（上段）吊耳及索具设置

20 万 t/a 丁二烯装置第一萃取精馏塔（上段）主吊采用 1 对 AXC-225 型管轴式吊耳，设置在上封头切线向下 11500mm 处，方位为 188°和 8°；抬尾采用 2 个 AP-100 型板式吊耳，设置在裙座处，方位为 278°。20 万 t/a 丁二烯装置第一萃取精馏塔（上段）吊耳方位见图 18-3。

20 万 t/a 丁二烯装置第一萃取精馏塔（上段）主吊配备 1 根支撑式平衡梁，吊钩与吊耳之间采用 1 对 φ120mm×48m 的无接头钢丝绳绳圈连接，吊钩与平衡梁之间采用 1 对

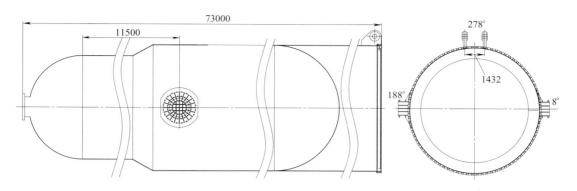

图 18-3　20 万 t/a 丁二烯装置第一萃取精馏塔（上段）吊耳方位

$\phi 39mm \times 12m$ 的钢丝绳和 2 个 55t 级卸扣连接；抬尾采用 1 对 $\phi 90mm \times 30m$ 的钢丝绳（单根对折使用），通过 2 个 120t 级卸扣与抬尾吊耳连接。

　　（3）脱重塔吊耳及索具设置

　　20 万 t/a 丁二烯装置脱重塔主吊采用 1 对 AXC-150 型管轴式吊耳，设置在上封头切线向下 4140mm，方位为 225°和 45°；抬尾采用 2 个 AP-75 型板式吊耳，设置在裙座处，方位为 315°。20 万 t/a 丁二烯装置脱重塔吊耳方位见图 18-4。

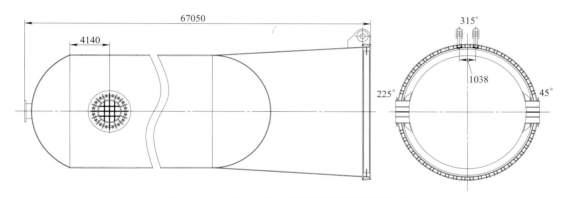

图 18-4　20 万 t/a 丁二烯装置脱重塔吊耳方位

　　20 万 t/a 丁二烯装置脱重塔主吊配备 1 根支撑式平衡梁，吊钩与吊耳之间采用 1 对 $\phi 120mm \times 48m$ 的无接头钢丝绳绳圈连接，吊钩与平衡梁之间采用 1 对 $\phi 39mm \times 12m$ 的钢丝绳和 2 个 55t 级卸扣连接；抬尾采用 1 对 $\phi 90mm \times 20m$ 的钢丝绳（单根对折使用），通过 2 个 85t 级卸扣与抬尾吊耳连接。

　　（4）汽提塔吊耳及索具设置

　　20 万 t/a 丁二烯装置汽提塔主吊采用 1 对 AXC-225 型管轴式吊耳，设置在上封头切线向下 4340mm 处，方位为 351°和 171°；抬尾采用 2 个 AP-100 型板式吊耳，设置在裙座处，方位为 81°。20 万 t/a 丁二烯装置汽提塔吊耳方位见图 18-5。

　　20 万 t/a 丁二烯装置汽提塔主吊配备 1 根支撑式平衡梁，吊钩与吊耳之间采用 1 对 $\phi 120mm \times 48m$ 的无接头钢丝绳绳圈连接，吊钩与平衡梁之间采用 1 对 $\phi 39mm \times 12m$ 的钢丝绳和 2 个 55t 级卸扣连接；抬尾采用 1 对 $\phi 90mm \times 30m$ 的钢丝绳（单根对折使用），通过 2 个 120t 级卸扣与抬尾吊耳连接。

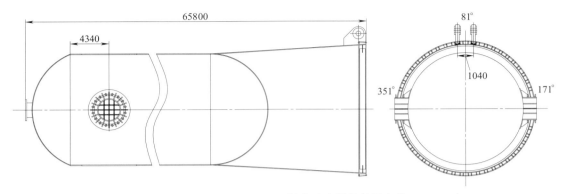

图 18-5　20万t/a丁二烯装置汽提塔吊耳方位

18.3　施工掠影

20万t/a丁二烯装置第一萃取精馏塔（上段）吊装见图18-6。

图 18-6　20万t/a丁二烯装置第一萃取精馏塔（上段）吊装

第**19**章

碳四联合装置

19.1 典型设备介绍

碳四联合装置有净质量大于等于 200t 的典型设备 7 台，其参数见表 19-1。

表 19-1 碳四联合装置典型设备参数

序号	设备名称	设备规格（直径×高）/mm×mm	安装标高/mm	设备本体质量/t	预焊件质量/t	附属设施质量/t	设备总质量/t	数量/台
1	顺酐反应器	$\phi8000\times16085$	7000	600.0		4.0	604.0	3
2	顺酐吸收塔	$\phi10300\times34643$	200	358.0	19.0	55.0	432.0	1
3	烷基化反应器	$\phi6550\times44700$	200	335.0	15.0	30.0	380.0	1
4	萃取精馏塔 A	$\phi5600/\phi4800/\phi3600\times81160$	200	225.6	15.0	60.0	300.6	1
5	萃取精馏塔 B	$\phi5600/\phi4800\times75854$	200	223.4	13.0	77.0	313.4	1

19.2 吊装方案设计

19.2.1 吊装工艺选择

针对该装置 7 台典型设备的参数、空间布置和现场施工资源总体配置计划，吊装方案设计时预计投入 CC6800 型 1250t 级履带式起重机 1 台、SCC6500A 型 650t 级履带式起重机 1 台完成所有吊装工作，吊装布局见图 19-1。

萃取精馏塔 A、萃取精馏塔 B、烷基化反应器、顺酐吸收塔、顺酐反应器均采用 CC6800 型 1250t 级履带式起重机主吊，SCC6500A 型 650t 级履带式起重机抬尾，通过"单机提吊递送法"吊装。

19.2.2 吊装参数设计

根据选用的吊装工艺和起重机械的性能参数确定 7 台设备的吊装参数，见表 19-2。

吊装方案设计

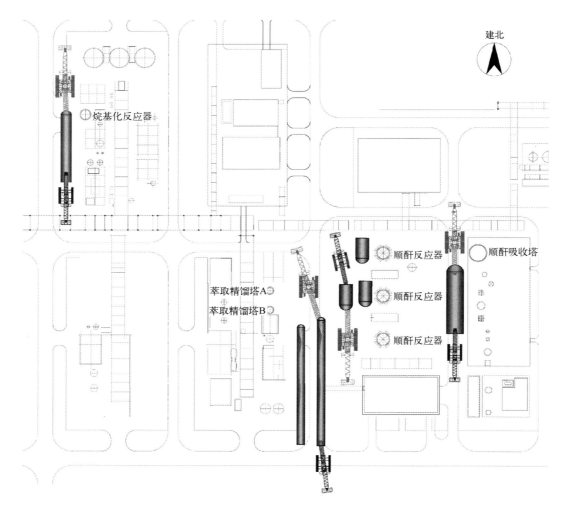

图 19-1　碳四联合装置吊装布局

表 19-2　碳四联合装置典型设备吊装参数

序号	设备名称	计算质量 /t	索具质量 /t	吊装质量 /t	主/副起 重机吨级	臂杆长度 /m	作业半径 /m	额定载荷 /t	最大 负载率
1	顺酐反应器	604.0	30.0	697.4	1250t	48	18.0	704.0	99.06%
		80.9	10.0	100.0	650t	42	16.0	186.0	53.76%
2	顺酐吸收塔	432.0	30.0	508.2	1250t	78	19.0	663.0	76.65%
		233.0	15.0	272.8	650t	42	12.0	280.0	97.43%
3	烷基化反应器	380.0	30.0	451.0	1250t	78	18.0	488.0	92.42%
		136.9	10.0	161.6	650t	42	12.0	280.0	57.72%
4	萃取精馏塔 A	300.6	30.0	363.7	1250t	102	30.0	385.0	94.46%
		157.9	10.0	184.7	650t	42	10.0	362.0	51.02%
5	萃取精馏塔 B	313.4	30.0	377.7	1250t	102	30.0	385.0	98.11%
		158.4	10.0	185.2	650t	42	10.0	362.0	51.17%

19.2.3　吊耳及索具设置

（1）顺酐反应器吊耳及索具设置

碳四联合装置顺酐反应器主吊采用 1 对 AXC-350 型管轴式吊耳，设置在上封头切线向下 4895mm 处，方位为 278°和 98°；抬尾采用 2 个 AP-50 型板式吊耳，设置在裙座处，方位为 8°。碳四联合装置顺酐反应器吊耳方位见图 19-2。

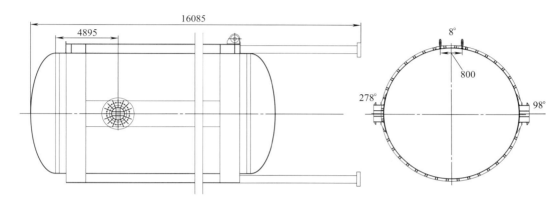

图 19-2　碳四联合装置顺酐反应器吊耳方位

碳四联合装置顺酐反应器主吊配备 1 根支撑式平衡梁，吊钩与吊耳之间采用 1 对 ϕ246mm×46m 的无接头钢丝绳绳圈连接，吊钩与平衡梁之间采用 1 对 ϕ65mm×30m 的钢丝绳和 2 个 55t 级卸扣连接；抬尾采用 1 对 ϕ90mm×30m 的钢丝绳（单根对折使用），通过 2 个 55t 级卸扣与抬尾吊耳连接。

（2）顺酐吸收塔吊耳及索具设置

碳四联合装置顺酐吸收塔主吊采用 1 对 AXC-225 型管轴式吊耳，设置在上封头切线向下 5082mm 处，方位为 243°和 63°；抬尾采用 2 个 AP-125 型板式吊耳，设置在裙座处，方位为 333°。碳四联合装置顺酐吸收塔吊耳方位见图 19-3。

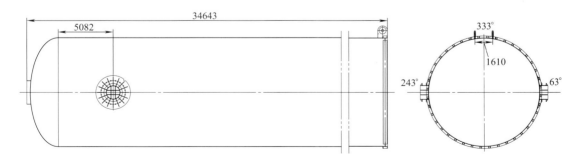

图 19-3　碳四联合装置顺酐吸收塔吊耳方位

碳四联合装置顺酐吸收塔主吊配备 1 根支撑式平衡梁，吊钩与吊耳之间采用 1 对 ϕ248mm×64m 的无接头钢丝绳绳圈连接，吊钩与平衡梁之间采用 1 对 ϕ52mm×30m 的钢丝绳和 2 个 55t 级卸扣连接；抬尾采用 1 对 ϕ90mm×30m 的钢丝绳（单根对折使用），通过

2 个 150t 级卸扣与抬尾吊耳连接。

（3）烷基化反应器吊耳及索具设置

碳四联合装置烷基化反应器主吊采用 1 对 AXC-200 型管轴式吊耳，设置在上封头切线向下 2000mm 处，方位为 225° 和 45°；抬尾采用 2 个 AP-75 型板式吊耳，设置在裙座处，方位为 315°。碳四联合装置烷基化反应器吊耳方位见图 19-4。

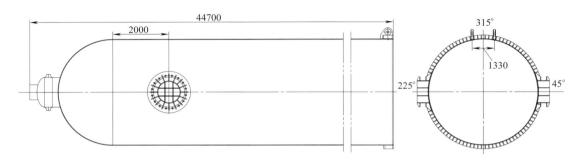

图 19-4　碳四联合装置烷基化反应器吊耳方位

碳四联合装置烷基化反应器主吊配备 1 根支撑式平衡梁，吊钩与吊耳之间采用 1 对 ϕ220mm×50m 的无接头钢丝绳绳圈连接，吊钩与平衡梁之间采用 1 对 ϕ39mm×20m 的钢丝绳和 2 个 55t 级卸扣连接；抬尾采用 1 对 ϕ90mm×30m 的钢丝绳（单根对折使用），通过 2 个 120t 级卸扣与抬尾吊耳连接。

（4）萃取精馏塔 A 吊耳及索具设置

碳四联合装置萃取精馏塔 A 主吊采用 1 对 AXC-175 型管轴式吊耳，设置在上封头切线向下 3000mm 处，方位为 146° 和 326°；抬尾采用 2 个 AP-100 型板式吊耳，设置在裙座处，方位为 236°。碳四联合装置萃取精馏塔 A 吊耳方位见图 19-5。

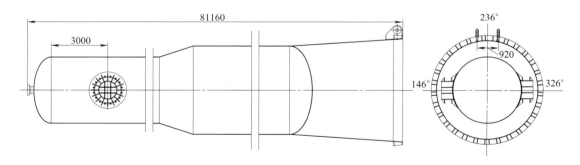

图 19-5　碳四联合装置萃取精馏塔 A 吊耳方位

碳四联合装置萃取精馏塔 A 主吊配备 1 根支撑式平衡梁，吊钩与吊耳之间采用 1 对 ϕ120mm×30m 的钢丝绳连接，吊钩与平衡梁之间采用 1 对 ϕ39mm×20m 的钢丝绳和 2 个 55t 级卸扣连接；抬尾采用 1 对 ϕ90mm×30m 的钢丝绳（单根对折使用），通过 2 个 120t 级卸扣与抬尾吊耳连接。

（5）萃取精馏塔 B 吊耳及索具设置

碳四联合装置萃取精馏塔 B 主吊采用 1 对 AXC-175 型管轴式吊耳，设置在上封头切线向下 3000mm 处，方位为 105°和 285°；抬尾采用 2 个 AP-100 型板式吊耳，设置在裙座处，方位为 195°。碳四联合装置萃取精馏塔 B 吊耳方位见图 19-6。

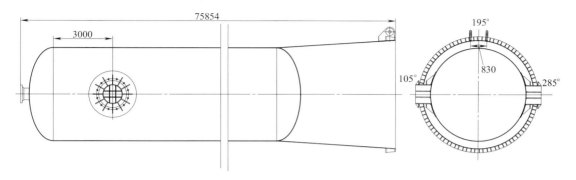

图 19-6　碳四联合装置萃取精馏塔 B 吊耳方位

碳四联合装置萃取精馏塔 B 主吊配备 1 根支撑式平衡梁，吊钩与吊耳之间采用 1 对 ϕ120mm×30m 的钢丝绳连接，吊钩与平衡梁之间采用 1 对 ϕ39mm×20m 的钢丝绳和 2 个 55t 级卸扣连接；抬尾采用 1 对 ϕ90mm×30m 的钢丝绳（单根对折使用），通过 2 个 120t 级卸扣与抬尾吊耳连接。

19.3　施工掠影

碳四联合装置萃取精馏塔 A、萃取精馏塔 B、顺酐吸收塔、烷基化反应器吊装见图 19-7～图 19-10。

图 19-7　碳四联合装置萃取精馏塔 A 吊装

图 19-8　碳四联合装置萃取精馏塔 B 吊装

图 19-9　碳四联合装置顺酐吸收塔吊装

图 19-10　碳四联合装置烷基化反应器吊装

第20章

环氧乙烷/乙二醇装置

20.1 典型设备介绍

10万t/a/100万t/a 环氧乙烷/乙二醇（EO/EG）装置有净质量大于等于200t的典型设备13台，其参数见表20-1。

表20-1　10万t/a/100万t/a 环氧乙烷/乙二醇装置典型设备参数

序号	设备名称	设备规格（直径×高）/mm×mm	安装标高/mm	设备本体质量/t	预焊件质量/t	附属设施质量/t	设备总质量/t	数量/台
1	EO洗涤塔（下段）	$\phi 10200/\phi 8900 \times 56100$	200	1351.5	45.0	118.1	1514.6	1
	EO洗涤塔（上段）	$\phi 8900 \times 53400$	56300	894.9	42.0	102.0	1038.9	
2	EO反应器/气体冷却器	$\phi 4400/\phi 8200 \times 23030$	21300	1242.0	15.0		1257.0	2
3	MEG塔	$\phi 8000 \times 39855$	200	277.8	13.0	100.9	391.7	1
4	再生塔	$\phi 6960/\phi 4700 \times 71150$	200	324.8	5.0	50.2	380.0	1
5	汽提塔	$\phi 7200 \times 47030$	200	303.5	11.0	46.5	361.0	1
6	反应器进料/产品换热器	$\phi 3900/\phi 2700/\phi 3900 \times 20493$	24300	322.0	5.0		327.0	2
7	反应器汽包	$\phi 5100 \times 18570$	35300	270.0			270.0	2
8	干燥塔	$\phi 7200/\phi 5400 \times 37100$	200	200.1	10.0	56.3	266.4	1
9	乙二醇进料汽提塔	$\phi 9100/\phi 3400 \times 36600$	200	206.1	5.0	24.5	235.6	1
10	EO精制塔（下段）	$\phi 5400/\phi 2700 \times 47066$	200	145.0			145.0	1
	EO精制塔（上段）	$\phi 2700 \times 40492$	47266	135.0	2.0	15.0	152.0	

20.2 吊装方案设计

20.2.1 吊装工艺选择

针对该装置13台典型设备的参数、空间布置和现场施工资源总体配置计划，吊装方案设计时预计投入 XGC88000 型 4000t 级履带式起重机 1 台、ZCC32000 型 2000t 级履带式起重机 1 台、CC6800 型 1250t 级履带式起重机 1 台、SCC6500A 型 650t 级履带式起重机 1 台、

SCC6000A 型 600t 级履带式起重机 1 台、SCC4000A-2 型 400t 级履带式起重机 1 台、QUY260 型 260t 级履带式起重机 1 台完成所有吊装工作，吊装布局见图 20-1。

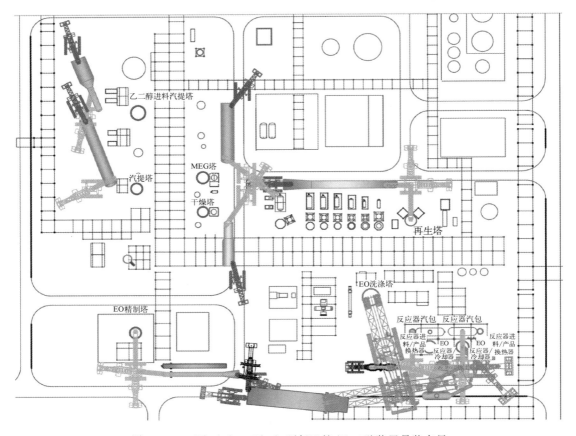

图 20-1　10 万 t/a/100 万 t/a 环氧乙烷/乙二醇装置吊装布局

① EO 洗涤塔（下段）、EO 洗涤塔（上段）采用 XGC88000 型 4000t 级履带式起重机主吊，SCC6000A 型 600t 级履带式起重机和 SCC4000A-2 型 400t 级履带式起重机抬尾，通过"单机提吊双机抬尾递送法"和"单机提吊递送法"吊装；

② EO 反应器/气体冷却器采用 ZCC32000 型 2000t 级履带式起重机主吊，CC6800 型 1250t 级履带式起重机抬尾，通过"单机提吊递送法"吊装；

③ 再生塔、MEG 塔、干燥塔、汽提塔、乙二醇进料汽提塔采用 CC6800 型 1250t 级履带式起重机主吊，SCC6500A 型 650t 级履带式起重机抬尾，通过"单机提吊递送法"吊装；

④ EO 精制塔（上段）、EO 精制塔（下段）、反应器进料/产品换热器采用 CC6800 型 1250t 级履带式起重机主吊，QUY260 型 260t 级履带式起重机抬尾，通过"单机提吊递送法"吊装；

⑤ 反应器汽包采用 CC6800 型 1250t 级履带式起重机，通过"单机提吊旋转法"吊装。

20.2.2　吊装参数设计

根据选用的吊装工艺和起重机械的性能参数确定 13 台设备的吊装参数，见表 20-2。

表 20-2　10 万 t/a/100 万 t/a 环氧乙烷/乙二醇装置典型设备吊装参数

序号	设备名称	计算质量/t	索具质量/t	吊装质量/t	主/副起重机吨级	臂杆长度/m	作业半径/m	额定载荷/t	最大负载率
1	EO 洗涤塔（下段）	1514.6	219.8	1907.9	4000t	102＋33	30.0	1930.0	98.85%
		423.3	38.4	507.9	600t	48	9.0	557.0	91.18%
		302.4	32.6	368.5	400t	42	12.0	400.0	92.13%
2	EO 洗涤塔（上段）	1038.9	219.8	1384.6	4000t	102＋33	30.0	1630.0	84.94%
		472.3	13.2	485.5	600t	48	9.0	590.0	82.29%
3	EO 反应器/气体冷却器	1257.0	100.0	1492.7	2000t	72	18.0	1495.0	99.85%
		731.0	30.0	837.1	1250t	42	16.0	865.0	96.77%
4	MEG 塔	391.7	30.0	463.9	1250t	96	22.0	480.0	96.64%
		145.0	15.0	176.0	650t	66	12.0	248.0	70.97%
5	再生塔	380.0	30.0	451.0	1250t	96	20.0	475.0	94.95%
		165.0	15.0	198.0	650t	66	12.0	216.0	91.67%
6	汽提塔	361.0	30.0	430.1	1250t	96	20.0	448.0	96.00%
		157.0	15.0	189.2	650t	66	12.0	248.0	76.29%
7	反应器进料/产品换热器	327.0	30.0	392.7	1250t	96	26.0	398.0	98.67%
		46.6	5.0	56.8	260t	27	8.0	173.6	32.70%
8	反应器汽包	270.0	30.0	330.0	1250t	96	28.0	342.0	96.49%
9	干燥塔	266.4	30.0	326.0	1250t	96	26.0	332.0	98.20%
		123.0	15.0	151.8	650t	66	12.0	248.0	61.21%
10	乙二醇进料汽提塔	235.6	30.0	292.2	1250t	96	30.0	316.0	92.46%
		109.0	15.0	136.4	650t	66	16.0	172.0	79.30%
11	EO 精制塔（下段）	145.0	30.0	192.5	1250t	102	14.0	201.0	95.77%
		70.0	7.0	84.7	260t	27	8.0	118.0	71.78%
12	EO 精制塔（上段）	152.0	30.0	200.2	1250t	108	30.0	205.0	97.66%
		72.0	7.0	86.9	260t	27	8.0	118.0	73.64%

20.2.3　吊耳及索具设置

（1）EO 洗涤塔吊耳及索具设置

10 万 t/a/100 万 t/a 环氧乙烷/乙二醇装置 EO 洗涤塔（下段）主吊采用 1 对 AXC-800 型管轴式吊耳，设置在分段位置向下 12200mm 处，方位为 250°和 70°；抬尾采用 4 个 AP-250 型板式吊耳，设置在裙座处，方位为 340°。10 万 t/a/100 万 t/a 环氧乙烷/乙二醇装置 EO 洗涤塔（下段）吊耳方位见图 20-2。

10 万 t/a/100 万 t/a 环氧乙烷/乙二醇装置 EO 洗涤塔（下段）主吊配备 1 根的专用平衡梁，吊钩与吊耳之间采用 1 对 ϕ204mm×52m 无接头钢丝绳绳圈连接，吊钩与平衡梁之间采用 1 对 ϕ130mm×12m 的钢丝绳和 2 个 120t 级卸扣连接；抬尾采用 1 对 ϕ135mm×50m 的钢丝绳（单根对折使用），通过 4 个 300t 级卸扣与抬尾吊耳连接。

10 万 t/a/100 万 t/a 环氧乙烷/乙二醇装置 EO 洗涤塔（上段）主吊采用 1 对 AXC-600

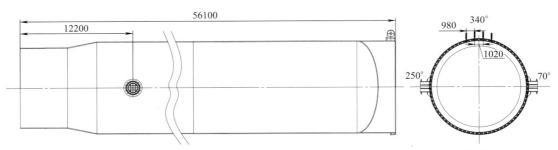

图 20-2　10 万 t/a/100 万 t/a 环氧乙烷/乙二醇装置 EO 洗涤塔（下段）吊耳方位

型管轴式吊耳，设置在上封头切线向下 4500mm 处，方位为 45°和 225°；抬尾采用 4 个 AP-125 型板式吊耳，设置在分段位置向上 1000mm 处，方位为 135°。10 万 t/a/100 万 t/a 环氧乙烷/乙二醇装置 EO 洗涤塔（上段）吊耳方位见图 20-3。

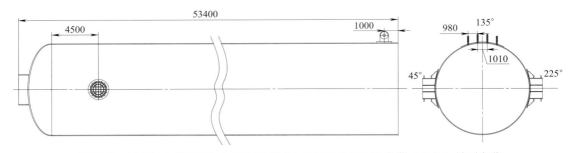

图 20-3　10 万 t/a/100 万 t/a 环氧乙烷/乙二醇装置 EO 洗涤塔（上段）吊耳方位

10 万 t/a/100 万 t/a 环氧乙烷/乙二醇装置 EO 洗涤塔（上段）主吊配备 1 根专用平衡梁，吊钩与吊耳之间采用 1 对 ϕ168mm×76m 的钢丝绳（单根对折使用）连接，吊钩与平衡梁之间采用 1 对 ϕ130mm×12m 的钢丝绳和 2 个 120t 级卸扣连接；抬尾采用 1 对 ϕ135mm×50m 的钢丝绳（单根对折使用），通过 4 个 150t 级卸扣与抬尾吊耳连接。

（2）EO 反应器/气体冷却器吊耳及索具设置

10 万 t/a/100 万 t/a 环氧乙烷/乙二醇装置 EO 反应器/气体冷却器主吊采用 1 对 AXC-700 型管轴式吊耳，设置在上封头切线向下 2300mm 处，方位为 330°和 150°；抬尾采用 2 个 AP-400 型板式吊耳，设置在底部接管向上 9810mm 处，方位为 60°。10 万 t/a/100 万 t/a 环氧乙烷/乙二醇装置 EO 反应器/气体冷却器吊耳方位见图 20-4。

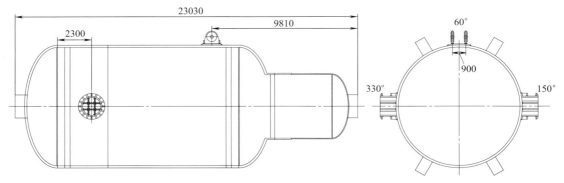

图 20-4　10 万 t/a/100 万 t/a 环氧乙烷/乙二醇装置 EO 反应器/气体冷却器吊耳方位

　　10 万 t/a/100 万 t/a 环氧乙烷/乙二醇装置 EO 反应器/气体冷却器主吊配备 1 根支撑式平衡梁，吊钩与吊耳之间采用 1 对 $\phi220mm\times80m$ 的无接头钢丝绳绳圈连接，吊钩与平衡梁之间采用 1 对 $\phi90mm\times20m$ 的钢丝绳和 2 个 150t 级卸扣连接；抬尾采用 1 对 $\phi120mm\times48m$ 的钢丝绳（单根双折使用），通过 2 个 500t 级卸扣与抬尾吊耳连接。

　　（3）MEG 塔吊耳及索具设置

　　10 万 t/a/100 万 t/a 环氧乙烷/乙二醇装置 MEG 塔主吊采用 1 对 AXC-200 型管轴式吊耳，设置在上封头切线向下 2780mm 处，方位为 62°和 242°；抬尾采用 2 个 AP-75 型板式吊耳，设置在裙座处，方位为 152°。10 万 t/a/100 万 t/a 环氧乙烷/乙二醇装置 MEG 塔吊耳方位见图 20-5。

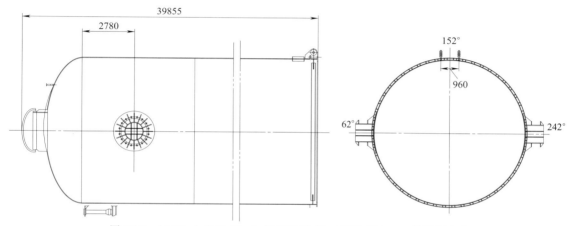

图 20-5　10 万 t/a/100 万 t/a 环氧乙烷/乙二醇装置 MEG 塔吊耳方位

　　10 万 t/a/100 万 t/a 环氧乙烷/乙二醇装置 MEG 塔吊装时配备 1 根支撑式平衡梁，吊钩与吊耳之间采用 1 对 $\phi120mm\times30m$ 的钢丝绳连接，吊钩与平衡梁之间采用 1 对 $\phi52mm\times20m$ 的钢丝绳和 2 个 55t 级卸扣连接；抬尾采用 1 对 $\phi90mm\times20m$ 的钢丝绳（单根对折使用），通过 2 个 85t 级卸扣与抬尾吊耳连接。

　　（4）再生塔吊耳及索具设置

　　10 万 t/a/100 万 t/a 环氧乙烷/乙二醇装置再生塔主吊采用 1 对 AXC-200 型管轴式吊耳，设置在上封头切线向下 3000mm 处，方位为 344°和 164°；抬尾采用 2 个 AP-100 型板式吊耳，设置在裙座处，方位为 74°。10 万 t/a/100 万 t/a 环氧乙烷/乙二醇装置再生塔吊耳方位见图 20-6。

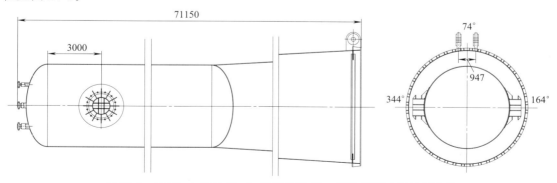

图 20-6　10 万 t/a/100 万 t/a 环氧乙烷/乙二醇装置再生塔吊耳方位

10万t/a/100万t/a环氧乙烷/乙二醇装置再生塔主吊配备1根支撑式平衡梁,吊钩与吊耳之间采用1对ϕ120mm×30m的钢丝绳连接,吊钩与平衡梁之间采用1对ϕ65mm×20m的钢丝绳和2个55t级卸扣连接;抬尾采用1对ϕ90mm×20m的钢丝绳(单根对折使用),通过2个120t级卸扣与抬尾吊耳连接。

(5)汽提塔吊耳及索具设置

10万t/a/100万t/a环氧乙烷/乙二醇装置汽提塔主吊采用1对AXC-200型管轴式吊耳,设置在上封头切线向下1700mm处,方位为210°和30°;抬尾采用2个AP-100型板式吊耳,设置在裙座处,方位为300°。10万t/a/100万t/a环氧乙烷/乙二醇装置汽提塔吊耳方位见图20-7。

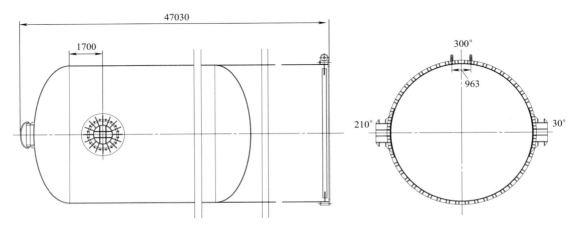

图20-7 10万t/a/100万t/a环氧乙烷/乙二醇装置汽提塔吊耳方位

10万t/a/100万t/a环氧乙烷/乙二醇装置汽提塔主吊配备1根支撑式平衡梁,吊钩与吊耳之间采用1对ϕ120mm×30m的钢丝绳连接,吊钩与平衡梁之间采用1对ϕ52mm×20m的钢丝绳和2个55t级卸扣连接;抬尾采用1对ϕ90mm×20m的钢丝绳(单根对折使用),通过2个120t级卸扣与抬尾吊耳连接。

(6)反应器进料/产品换热器吊耳及索具设置

10万t/a/100万t/a环氧乙烷/乙二醇装置反应器进料/产品换热器主吊采用1对AXC-175型管轴式吊耳,设置在顶部接管向下5575mm处,方位为0°和180°;抬尾采用2个AP-25型板式吊耳,设置在底部接管向上2200mm处,方位为90°。10万t/a/100万t/a环氧乙烷/乙二醇装置反应器进料/产品换热器吊耳方位见图20-8。

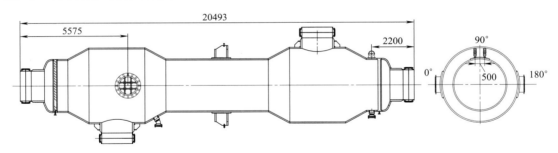

图20-8 10万t/a/100万t/a环氧乙烷/乙二醇装置反应器进料/产品换热器吊耳方位

10 万 t/a/100 万 t/a 环氧乙烷/乙二醇装置反应器进料/产品换热器主吊配备 1 根支撑式平衡梁，吊钩与吊耳之间采用 1 对 φ120mm×30m 的钢丝绳（单根对折使用）连接，吊钩与平衡梁之间采用 1 对 φ52mm×20m 的钢丝绳和 2 个 55t 级卸扣连接；抬尾采用 1 对 φ52mm×20m 的钢丝绳（单根对折使用），通过 2 个 55t 级卸扣与抬尾吊耳连接。

（7）反应器汽包吊耳及索具设置

10 万 t/a/100 万 t/a 环氧乙烷/乙二醇装置反应器汽包吊装时不设置吊耳，采用"兜挂法"。

10 万 t/a/100 万 t/a 环氧乙烷/乙二醇装置反应器汽包吊装时配备 1 根专用平衡梁，平衡梁与吊钩之间采用 1 对 φ42mm×12m 的钢丝绳和 2 个 55t 级卸扣连接，吊钩与设备之间采用 1 对 φ90mm×50m 的钢丝绳（由 φ90mm×30m 的钢丝绳和 φ90mm×20m 的钢丝绳通过 1 个 150t 级卸扣连接而成）直接将设备"兜起来"。

（8）干燥塔吊耳及索具设置

10 万 t/a/100 万 t/a 环氧乙烷/乙二醇装置干燥塔主吊采用 1 对 AXC-150 型管轴式吊耳，设置在上封头切线向下 3500mm 处，方位为 195°和 15°；抬尾采用 2 个 AP-75 型板式吊耳，设置在裙座处，方位为 285°。10 万 t/a/100 万 t/a 环氧乙烷/乙二醇装置干燥塔吊耳方位见图 20-9。

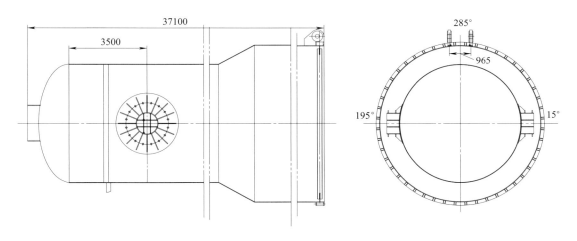

图 20-9　10 万 t/a/100 万 t/a 环氧乙烷/乙二醇装置干燥塔吊耳方位

10 万 t/a/100 万 t/a 环氧乙烷/乙二醇装置干燥塔主吊配备 1 根支撑式平衡梁，吊钩与吊耳之间采用 1 对 φ120mm×30m 的钢丝绳连接，吊钩与平衡梁之间采用 1 对 φ52mm×20m 的钢丝绳和 2 个 55t 级卸扣连接；抬尾采用 1 对 φ90mm×20m 的钢丝绳（单根对折使用），通过 2 个 85t 级卸扣与抬尾吊耳连接。

（9）乙二醇进料汽提塔吊耳及索具设置

10 万 t/a/100 万 t/a 环氧乙烷/乙二醇装置乙二醇进料汽提塔主吊采用 1 对 AXC-125 型管轴式吊耳，设置在上封头切线向下 4400mm 处，方位为 300°和 120°；抬尾采用 2 个 AP-75 型板式吊耳，设置裙座处，方位为 30°。10 万 t/a/100 万 t/a 环氧乙烷/乙二醇装置乙二醇进料汽提塔吊耳方位见图 20-10。

10 万 t/a/100 万 t/a 环氧乙烷/乙二醇装置乙二醇进料汽提塔主吊配备 1 根支撑式平衡

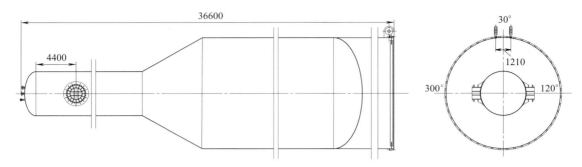

图 20-10　10 万 t/a/100 万 t/a 环氧乙烷/乙二醇装置乙二醇进料汽提塔吊耳方位

梁，吊钩与吊耳之间采用 1 对 ϕ120mm×30m 的钢丝绳连接，吊钩与平衡梁之间采用 1 对 ϕ52mm×20m 的钢丝绳和 2 个 55t 级卸扣连接；抬尾采用 1 对 ϕ90mm×20m 的钢丝绳（单根对折使用），通过 2 个 85t 级卸扣与抬尾吊耳连接。

（10）EO 精制塔吊耳及索具设置

10 万 t/a/100 万 t/a 环氧乙烷/乙二醇装置 EO 精制塔（下段）主吊采用 1 对 AXC-75 型管轴式吊耳，设置在分段处向下 2740mm 处，方位为 236°和 56°；抬尾采用 2 个 AP-50 型板式吊耳，设置在裙座向上 975mm 处，方位为 326°。10 万 t/a/100 万 t/a 环氧乙烷/乙二醇装置 EO 精制塔（下段）吊耳方位见图 20-11。

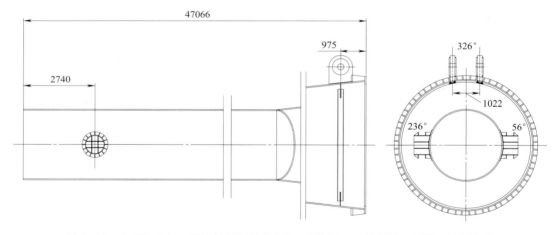

图 20-11　10 万 t/a/100 万 t/a 环氧乙烷/乙二醇装置 EO 精制塔（下段）吊耳方位

10 万 t/a/100 万 t/a 环氧乙烷/乙二醇装置 EO 精制塔（下段）主吊配备 1 根支撑式平衡梁，吊钩与吊耳之间采用 1 对 ϕ120mm×30m 的钢丝绳连接，吊钩与平衡梁之间采用 1 对 ϕ52mm×20m 的钢丝绳和 2 个 55t 级卸扣连接；抬尾采用 1 对 ϕ90mm×20m 的钢丝绳（单根对折使用），通过 2 个 85t 级卸扣与抬尾吊耳连接。

10 万 t/a/100 万 t/a 环氧乙烷/乙二醇装置 EO 精制塔（上段）主吊采用 1 对 AXC-100 型管轴式吊耳，设置在上封头切线向下 3120mm 处，方位为 62°和 242°；抬尾采用 2 个 AP-50 型板式吊耳，设置在底部分段位置向上 500mm 处，方位为 152°。10 万 t/a/100 万 t/a 环氧乙烷/乙二醇装置 EO 精制塔（上段）吊耳方位见图 20-12。

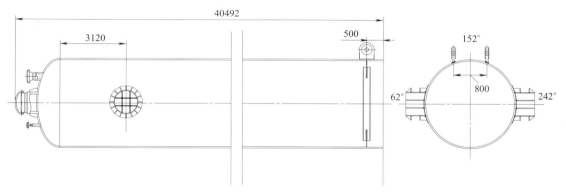

图 20-12　10 万 t/a/100 万 t/a 环氧乙烷/乙二醇装置 EO 精制塔（上段）吊耳方位

10 万 t/a/100 万 t/a 环氧乙烷/乙二醇装置 EO 精制塔（上段）主吊配备 1 根支撑式平衡梁，吊钩与吊耳之间采用 1 对 $\phi120\text{mm}\times30\text{m}$ 的钢丝绳连接，吊钩与平衡梁之间采用 1 对 $\phi52\text{mm}\times20\text{m}$ 的钢丝绳和 2 个 55t 级卸扣连接；抬尾采用 1 对 $\phi90\text{mm}\times20\text{m}$ 的钢丝绳（单根对折使用），通过 2 个 85t 级卸扣与抬尾吊耳连接。

20.3　施工掠影

10 万 t/a/100 万 t/a 环氧乙烷/乙二醇装置 EO 洗涤塔（上段）、再生塔、EO 反应器/气体冷却器、反应器汽包吊装见图 20-13～图 20-16。

图 20-13　10 万 t/a/100 万 t/a 环氧乙烷/乙二醇装置 EO 洗涤塔（上段）吊装

图 20-14　10 万 t/a/100 万 t/a 环氧乙烷/乙二醇装置再生塔吊装

图 20-15　10 万 t/a/100 万 t/a 环氧乙烷/乙二醇
装置 EO 反应器/气体冷却器吊装

图 20-16　10 万 t/a/100 万 t/a 环氧乙烷/
乙二醇装置反应器汽包吊装

第21章
乙苯/苯乙烯装置

21.1 典型设备介绍

50 万 t/a 乙苯/苯乙烯（EB/SM）装置有净质量大于等于 200t 的典型设备 4 台，其参数见表 21-1。

表 21-1 50 万 t/a 乙苯/苯乙烯装置典型设备参数

序号	设备名称	设备规格（直径×高）/mm×mm	安装标高/mm	设备本体质量/t	预焊件质量/t	附属设施质量/t	设备总质量/t	数量/台
1	四联换热器	$\phi5400\times41200$	15000	960.0			960.0	1
2	乙苯/苯乙烯分离塔	$\phi10310/\phi7300\times98285$	200	660.0	35.0	252.3	947.3	1
3	第二脱氢反应器	$\phi5900/\phi1600\times35315$	7000	506.3	1.2		507.5	1
4	第一脱氢反应器	$\phi2155/\phi5200\times32912$	14010	280.3	1.2		281.5	1

21.2 吊装方案设计

21.2.1 吊装工艺选择

针对该装置 4 台典型设备的参数、空间布置和现场施工资源总体配置计划，吊装方案设计时预计投入 CC8800TWIN-1 型 3200t 级履带式起重机 1 台、ZCC32000 型 2000t 级履带式起重机 1 台、XGC12000 型 800t 级履带式起重机 1 台、SCC6500A 型 650t 级履带式起重机 1 台、XGC400-1 型 400t 级履带式起重机 1 台完成所有吊装工作，吊装布局见图 21-1。

① 乙苯/苯乙烯分离塔采用 CC8800TWIN-1 型 3200t 级履带式起重机主吊，SCC6500A 型 650t 级履带式起重机抬尾，通过"单机提吊递送法"吊装；

② 第二脱氢反应器采用 ZCC32000 型 2000t 级履带式起重机主吊，SCC6500A 型 650t 级履带式起重机抬尾，通过"单机提吊递送法"吊装；

③ 第一脱氢反应器采用 ZCC32000 型 2000t 级履带式起重机主吊，XGC400-1 型 400t 级履带式起重机抬尾，通过"单机提吊递送法"吊装；

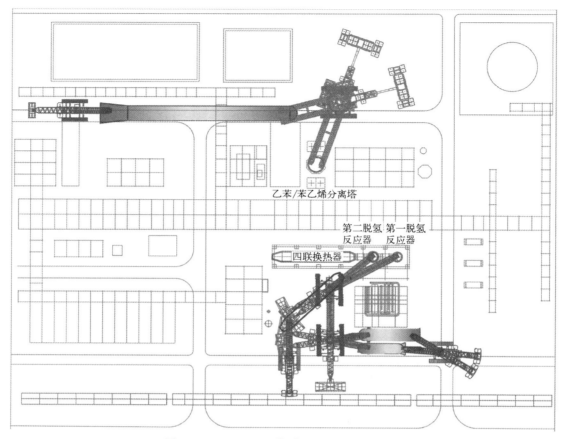

图 21-1　50 万 t/a 乙苯/苯乙烯装置吊装布局

④ 四联换热器采用 ZCC32000 型 2000t 级履带式起重机和 XGC12000 型 800t 级履带式起重机，通过"双机抬吊法"吊装。

21.2.2　吊装参数设计

根据选用的吊装工艺和起重机械的性能参数确定 4 台设备的吊装参数，见表 21-2。

表 21-2　50 万 t/a 乙苯/苯乙烯装置典型设备吊装参数

序号	设备名称	计算质量 /t	索具质量 /t	吊装质量 /t	主/副起重机吨级	臂杆长度 /m	作业半径 /m	额定载荷 /t	最大负载率
1	四联换热器	573.7	73.0	711.4	2000t	84	22.0	885.0	80.38%
		386.5	40.0	469.2	800t	57	17.0	567.0	82.74%
2	乙苯/苯乙烯分离塔	947.3	150.0	1207.0	3200t	117+15	28.0	1218.0	99.10%
		410.0	30.0	484.0	650t	54	10.0	629.0	76.90%
3	第二脱氢反应器	507.5	85.0	651.8	2000t	84	32.0	695.0	93.78%
		187.0	30.0	238.7	650t	36	10.0	246.0	97.00%
4	第一脱氢反应器	281.5	85.0	403.2	2000t	84	18.0	462.0	87.26%
		187.0	20.0	227.7	400t	78	9.0	246.0	92.56%

21.2.3　吊耳及索具设置

（1）四联换热器吊耳及索具设置

50 万 t/a 乙苯/苯乙烯装置四联换热器为卧式设备，吊装时不设置吊耳，采用"兜挂法"。

50 万 t/a 乙苯/苯乙烯装置四联换热器吊装时，2000t 级履带式起重机采用 1 根 $\phi 222\text{mm} \times 50\text{m}$ 无接头钢丝绳绳圈和 1 根 $\phi 204\text{mm} \times 20\text{m}$ 无接头钢丝绳绳圈通过 1 个 500t 级卸扣连接后兜住设备建东侧，800t 级履带式起重机采用 1 根 $\phi 222\text{mm} \times 50\text{m}$ 无接头钢丝绳绳圈和 1 根 $\phi 204\text{mm} \times 20\text{m}$ 无接头钢丝绳绳圈通过 1 个 500t 级卸扣连接后兜住设备建西侧。

（2）乙苯/苯乙烯分离塔吊耳及索具设置

50 万 t/a 乙苯/苯乙烯装置乙苯/苯乙烯分离塔主吊采用 1 对 AXC-500 型管轴式吊耳，设置在上封头切线向下 4100mm 处，方位为 69°和 249°；抬尾采用 4 个 AP-125 型板式吊耳，设置在裙座处，方位为 159°。50 万 t/a 乙苯/苯乙烯装置乙苯/苯乙烯分离塔吊耳方位见图 21-2。

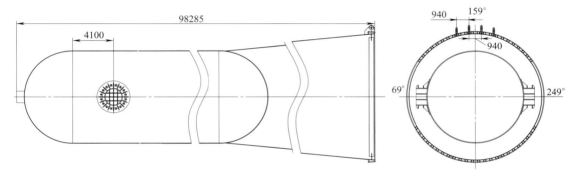

图 21-2　50 万 t/a 乙苯/苯乙烯装置乙苯/苯乙烯分离塔吊耳方位

50 万 t/a 乙苯/苯乙烯装置乙苯/苯乙烯分离塔主吊配备 1 根支撑式平衡梁，吊钩与吊耳之间采用 1 对 $\phi 220\text{mm} \times 50\text{m}$ 的无接头钢丝绳绳圈连接，吊钩与平衡梁之间采用 1 对 $\phi 65\text{mm} \times 30\text{m}$ 的钢丝绳和 2 个 120t 级卸扣连接；抬尾采用 1 对 $\phi 120\text{mm} \times 30\text{m}$ 的钢丝绳（单根对折使用），通过 4 个 150t 级卸扣与抬尾吊耳连接。

（3）第二脱氢反应器吊耳及索具设置

50 万 t/a 乙苯/苯乙烯装置第二脱氢反应器主吊采用 1 对 AXC-300 型管轴式吊耳，设置在上封头切线向下 2000mm 处，方位为 90°和 270°；抬尾采用 2 个 AP-100 型板式吊耳，设置在裙座处，方位为 180°。50 万 t/a 乙苯/苯乙烯装置第二脱氢反应器吊耳方位见图 21-3。

50 万 t/a 乙苯/苯乙烯装置第二脱氢反应器主吊配备 1 根支撑式平衡梁，吊钩与吊耳之间采用 1 对 $\phi 220\text{mm} \times 50\text{m}$ 的无接头钢丝绳绳圈连接，吊钩与平衡梁之间采用 1 对 $\phi 52\text{mm} \times 20\text{m}$ 的钢丝绳和 2 个 120t 级卸扣连接；抬尾采用 1 对 $\phi 90\text{mm} \times 20\text{m}$ 的钢丝绳（单根对折使用），通过 2 个 120t 级卸扣与抬尾吊耳连接。

（4）第一脱氢反应器吊耳及索具设置

50 万 t/a 乙苯/苯乙烯装置第一脱氢反应器主吊采用 1 对 AXC-150 型管轴式吊耳，设置在上封头切线向下 2500mm 处，方位为 225°和 45°；抬尾采用 2 个 AP-100 型板式吊耳，设置在裙座处，方位为 315°。50 万 t/a 乙苯/苯乙烯装置第一脱氢反应器吊耳方位见图 21-4。

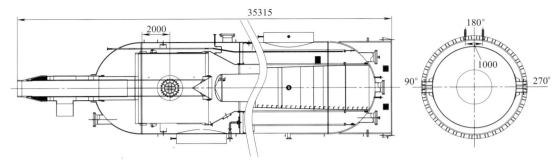

图 21-3　50 万 t/a 乙苯/苯乙烯装置第二脱氢反应器吊耳方位

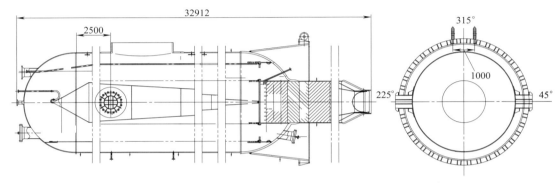

图 21-4　50 万 t/a 乙苯/苯乙烯装置第一脱氢反应器吊耳方位

　　50 万 t/a 乙苯/苯乙烯装置第一脱氢反应器主吊配备 1 根支撑式平衡梁，吊钩与吊耳之间采用 1 对 ϕ220mm×30m 的钢丝绳连接，吊钩与平衡梁之间采用 1 对 ϕ52mm×20m 的钢丝绳和 2 个 55t 级卸扣连接；抬尾采用 1 对 ϕ90mm×20m 的钢丝绳（单根对折使用），通过 2 个 120t 级卸扣与抬尾吊耳连接。

21.3　施工掠影

　　50 万 t/a 乙苯/苯乙烯装置乙苯/苯乙烯分离塔、四联换热器吊装见图 21-5、图 21-6。

图 21-5　50 万 t/a 乙苯/苯乙烯装置
乙苯/苯乙烯分离塔吊装

图 21-6　50 万 t/a 乙苯/苯乙烯装置
四联换热器吊装

第**22**章

乙烯装置

22.1　典型设备介绍

150 万 t/a 乙烯装置有净质量大于等于 200t 的典型设备 13 台，其参数见表 22-1。

表 22-1　150 万 t/a 乙烯装置典型设备参数

序号	设备名称	设备规格（直径×高）/mm×mm	安装标高/mm	设备本体质量/t	预焊件质量/t	附属设施质量/t	设备总质量/t	数量/台
1	1#丙烯精馏塔	φ9200×109400	200	1890.0	99.5	350.0	2339.5	1
2	急冷水塔	φ16000/φ13200×65250	200	1510.0	178.0	170.0	1858.0	1
3	急冷油塔	φ12600×62900	200	1165.0	61.3	200.2	1426.5	1
4	乙烯精馏塔	φ8840/φ7300×93700	200	1073.0	56.5	150.0	1279.5	1
5	2#丙烯精馏塔	φ7600×66300	200	712.0	37.5	168.0	917.5	1
6	碱洗塔	φ6900×63900	200	571.0	30.1	80.0	681.1	1
7	脱乙烷塔	φ5200×51100	200	328.0	17.3	40.0	385.3	1
8	高压脱丙烷塔	φ4970/φ3700/φ5500×41450	200	253.0	13.3	20.0	286.3	1
9	脱甲烷塔	φ6650/φ5400/φ3700/φ2700×73200	200	195.0	10.3	76.0	281.3	1
10	湿火炬罐	φ8100×22005	4600	260.0			260.0	1
11	碳二加氢反应器保护床（脱砷反应器）	φ7500×22005	200	250.0			250.0	1
12	二元冷剂收集罐	φ4200×22100	2000	205.0			205.0	1
13	碳二加氢反应器干燥器（第二干燥器）	φ7300×18405	200	200.0			200.0	1

22.2　吊装方案设计

22.2.1　吊装工艺选择

针对该装置 13 台典型设备的参数、空间布置和现场施工资源总体配置计划，吊装方案设计时预计投入 XGC88000 型 4000t 级履带式起重机 1 台、4000t 级液压提升系统 1 套、ZCC32000 型 2000t 级履带式起重机 1 台、ZCC32000 型 2000t 级履带式起重机 1 台、ZCC12500 型 1250t 级履带式起重机 1 台、XGC12000 型 800t 级履带式起重机 1 台、LR1750 型 750t 级履带式起重机 1 台、SCC6500A 型 650t 级履带式起重机 1 台、ZCC5000 型 500t 级履带式起重机 1 台、QUY400 型 400t 级履带式起重机 1 台、QUY260 型 260t 级履带式起重机 1 台完成所有吊装工作，吊装布局见图 22-1。

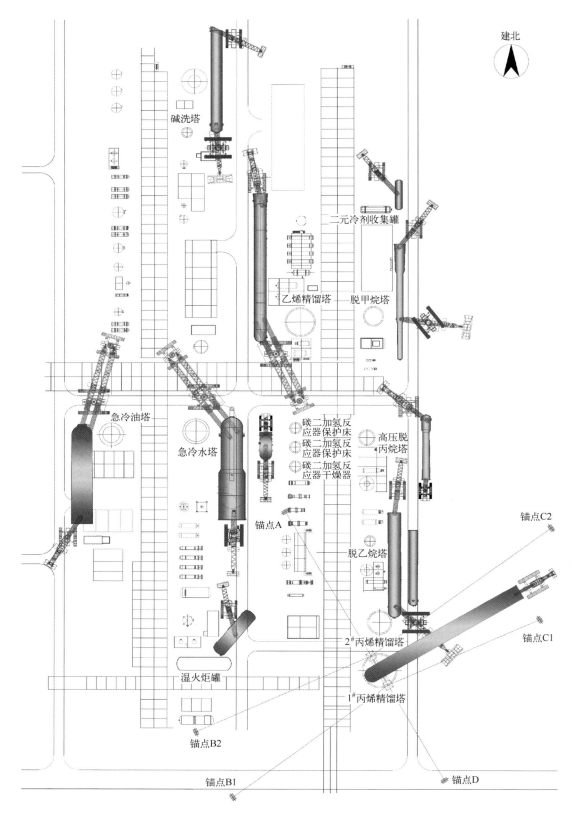

建北

碱洗塔

二元冷剂收集罐

乙烯精馏塔

脱甲烷塔

急冷油塔

急冷水塔

碳二加氢反应器保护床
碳二加氢反应器保护床
碳二加氢反应器干燥器

高压脱丙烷塔

锚点A

锚点C2

脱乙烷塔

锚点C1

2#丙烯精馏塔

湿火炬罐

1#丙烯精馏塔

锚点B2

锚点B1

锚点D

图 22-1　150 万 t/a 乙烯装置吊装布局

① 急冷油塔、急冷水塔、乙烯精馏塔采用 XGC88000 型 4000t 级履带式起重机主吊，ZCC32000 型 2000t 级履带式起重机、XGC12000 型 800t 级履带式起重机抬尾，通过"单机提吊递送法"吊装；

② 1# 丙烯精馏塔采用 4000t 级液压提升系统主吊，ZCC12500 型 1250t 级履带式起重机抬尾，通过"单机提吊递送法"吊装；

③ 2# 丙烯精馏塔、脱甲烷塔、碱洗塔采用 ZCC32000 型 2000t 级履带式起重机主吊，SCC6500A 型 650t 级履带式起重机抬尾，通过"单机提吊递送法"吊装；

④ 脱乙烷塔采用 XGC12000 型 800t 级履带式起重机主吊，ZCC5000 型 500t 级履带式起重机抬尾，通过"单机提吊递送法"吊装；

⑤ 高压脱丙烷塔采用 LR1750 型 750t 级履带式起重机主吊，QUY400 型 400t 级履带式起重机抬尾，通过"单机提吊递送法"吊装；

⑥ 湿火炬罐、二元冷剂收集罐采用 SCC6500A 型 650t 级履带式起重机，通过"单机提吊旋转法"吊装；

⑦ 碳二加氢反应器干燥器、碳二加氢反应器保护床采用 SCC6500A 型 650t 级履带式起重机主吊，QUY260 型 260t 级履带式起重机抬尾，通过"单机提吊递送法"吊装。

22.2.2　吊装参数设计

根据选用的吊装工艺和起重机械的性能参数确定 13 台设备的吊装参数，见表 22-2。

表 22-2　150 万 t/a 乙烯装置典型设备吊装参数

序号	设备名称	计算质量 /t	索具质量 /t	吊装质量 /t	主/副起重机吨级	臂杆长度 /m	作业半径 /m	额定载荷 /t	最大负载率
1	1# 丙烯精馏塔	2339.5	110.0	2694.5	4000t 级液压提升系统	122		4000.0	67.36%
		1083.0	35.0	1229.8	1250t	48	10.0	1250.0	98.38%
2	急冷水塔	1858.0	300.0	2158.0	4000t	102+21	23.0	2260.0	95.49%
		870.0	70.0	1034.0	2000t	54	14.0	1134.0	91.18%
3	急冷油塔	1426.5	250.0	1844.2	4000t	102+21	23.0	2080.0	88.66%
		670.0	30.0	770.0	800t	48	12.0	800.0	96.25%
4	乙烯精馏塔	1279.5	250.0	1682.5	4000t	102+21	23.0	2080.0	80.89%
		533.4	30.0	619.7	800t	54	12.0	675.0	91.81%
5	2# 丙烯精馏塔	917.5	75.0	1091.8	2000t	96	22.0	1120.0	97.48%
		362.0	30.0	431.2	650t	48	16.0	484.0	89.09%
6	碱洗塔	681.1	80.0	837.2	2000t	96	22.0	897.0	93.33%
		255.0	20.0	302.5	650t	66	16.0	366.0	82.65%
7	脱乙烷塔	385.3	30.0	456.8	800t	78	20.0	479.0	95.37%
		140.0	20.0	176	500t	54	12.0	215.0	81.86%
8	高压脱丙烷塔	286.3	20.0	336.9	750t	77	23.0	342.0	98.52%
		75.0	10.0	93.5	400t	60	12.0	144.0	64.93%

续表

序号	设备名称	计算质量/t	索具质量/t	吊装质量/t	主/副起重机吨级	臂杆长度/m	作业半径/m	额定载荷/t	最大负载率
9	脱甲烷塔	281.3	95.0	413.9	2000t	96	30.0	439.0	94.29%
		89.0	30.0	130.9	650t	48	14.0	263.0	49.77%
10	湿火炬罐	260.0	20.0	308.0	650t	66	22.0	342.0	90.06%
11	碳二加氢反应器保护床	250.0	20.0	297.0	650t	48	14.0	302.0	98.34%
		71.0	5.0	83.6	260t	27	9.0	115.0	72.70%
12	二元冷剂收集罐	205.0	15.0	242.0	650t	42	20.0	248.0	97.58%
13	碳二加氢反应器干燥器	200.0	20.0	242.0	650t	48	14.0	264.0	91.67%
		34.0	5.0	42.9	260t	27	9.0	115.0	37.30%

注：经现场综合评判，急冷水塔吊装时动载系数按 1.0 选取，其余设备吊装时动载系数按 1.1 选取。

22.2.3 吊耳及索具设置

（1）1# 丙烯塔吊耳及索具设置

150 万 t/a 乙烯装置 1# 丙烯塔主吊采用 1 对 AXC-1200 型管轴式吊耳，设置在上封头切线向下 5200mm 处，方位为 60°和 240°；抬尾采用 4 个 AP-300 型板式吊耳，设置在裙座处，方位为 150°。150 万 t/a 乙烯装置 1# 丙烯塔吊耳方位见图 22-2。

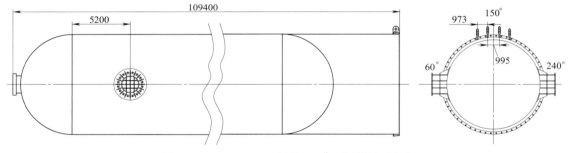

图 22-2　150 万 t/a 乙烯装置 1# 丙烯塔吊耳方位

150 万 t/a 乙烯装置 1# 丙烯塔主吊配备 1 对 3000t 级吊环，吊环与吊耳直接连接；抬尾采用 1 对 ϕ120mm×48m 的钢丝绳（单根双折使用），通过 4 个 300t 级卸扣与抬尾吊耳连接。

（2）急冷水塔吊耳及索具设置

150 万 t/a 乙烯装置急冷水塔主吊采用 1 对 AXC-1000 型管轴式吊耳，设置在上封头切线向下 8000mm 处，方位为 283°和 103°；抬尾采用 4 个 AP-250 型板式吊耳，设置在裙座处，方位为 13°。50 万 t/a 乙烯装置急冷水塔吊耳方位见图 22-3。

150 万 t/a 乙烯装置急冷水塔主吊配备 1 根滑轮式无弯矩平衡梁，平衡梁与吊耳之间采用 1 对 ϕ306mm×50m 的无接头钢丝绳绳圈连接，平衡梁与吊钩之间采用 1 对 ϕ306mm×30m 的无接头钢丝绳绳圈连接；抬尾采用 1 对 ϕ120mm×48m 的钢丝绳（单根双折使用），通过 4 个 300t 级卸扣与抬尾吊耳连接。

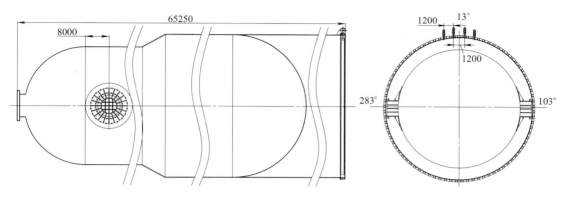

图 22-3　50 万 t/a 乙烯装置急冷水塔吊耳方位

（3）急冷油塔吊耳及索具设置

50 万 t/a 乙烯装置急冷油塔主吊采用 1 对 AXC-800 型管轴式吊耳，设置在上封头切线向下 4050mm 处，方位为 76°和 256°；抬尾采用 4 个 AP-200 型板式吊耳，设置在裙座处，方位为 166°。50 万 t/a 乙烯装置急冷油塔吊耳方位见图 22-4。

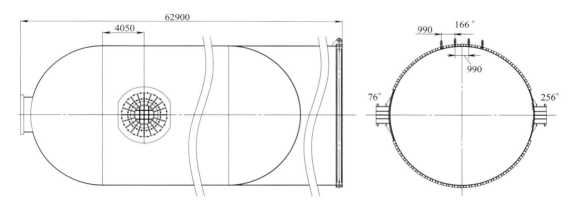

图 22-4　50 万 t/a 乙烯装置急冷油塔吊耳方位

50 万 t/a 乙烯装置急冷油塔主吊配备 1 根滑轮式无弯矩平衡梁，平衡梁与吊耳之间采用 1 对 ϕ306mm×50m 的无接头钢丝绳绳圈连接，平衡梁与吊钩之间采用 1 对 ϕ306mm×30m 的无接头钢丝绳绳圈连接；抬尾采用 1 对 ϕ120mm×48m 的钢丝绳（单根双折使用），通过 4 个 200t 级卸扣与抬尾吊耳连接。

（4）乙烯精馏塔吊耳及索具设置

50 万 t/a 乙烯装置乙烯精馏塔主吊采用 1 对 AXC-500 型管轴式吊耳，设置在上封头切线向下 4300mm 处，方位为 208°和 28°；抬尾采用 4 个 AP-100 型板式吊耳，设置在裙座处，方位为 298°。50 万 t/a 乙烯装置乙烯精馏塔吊耳方位见图 22-5。

50 万 t/a 乙烯装置乙烯精馏塔主吊配备 1 根滑轮式无弯矩平衡梁，平衡梁与吊耳之间采用 1 对 ϕ306mm×30m 的无接头钢丝绳绳圈连接，平衡梁与吊钩之间采用 1 对 ϕ306mm×18m 的无接头钢丝绳绳圈连接；抬尾采用 1 对 ϕ120mm×48m 的钢丝绳（单根对折使用），通过 4 个 150t 级卸扣与抬尾吊耳连接。

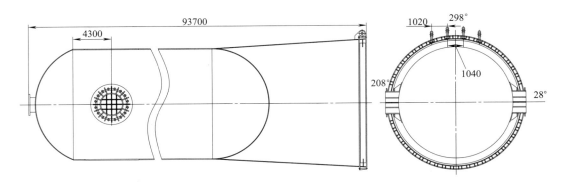

图 22-5　50 万 t/a 乙烯装置乙烯精馏塔吊耳方位

（5）2[#]丙烯塔吊耳及索具设置

50 万 t/a 乙烯装置 2[#]丙烯精馏塔主吊采用 1 对 AXC-500 型管轴式吊耳，设置在上封头切线向下 4000mm 处，方位为 278°和 98°；抬尾采用 4 个 AP-100 型板式吊耳，设置在裙座向上 2200mm 处，方位为 8°。50 万 t/a 乙烯装置 2[#]丙烯精馏塔吊耳方位见图 22-6。

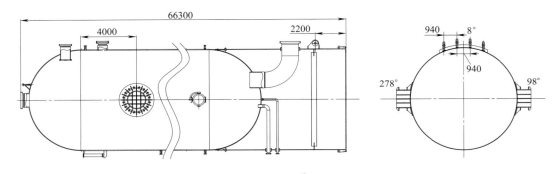

图 22-6　50 万 t/a 乙烯装置 2[#]丙烯精馏塔吊耳方位

50 万 t/a 乙烯装置 2[#]丙烯精馏塔主吊配备 1 根支撑式平衡梁，吊钩与吊耳之间采用 1 对 ϕ306mm×50m 的无接头钢丝绳绳圈连接，吊钩与平衡梁之间采用 1 对 ϕ65mm×30m 的钢丝绳和 2 个 120t 级卸扣连接；抬尾采用 1 对 ϕ120mm×48m 的钢丝绳（单根对折使用），通过 4 个 150t 级卸扣与抬尾吊耳连接。

（6）碱洗塔吊耳及索具设置

50 万 t/a 乙烯装置碱洗塔主吊采用 1 对 AXC-350 型管轴式吊耳，设置在上封头切线向下 2300mm 处，方位为 247°和 67°；抬尾采用 4 个 AP-75 型板式吊耳，设置在裙座处，方位为 337°。50 万 t/a 乙烯装置碱洗塔吊耳方位见图 22-7。

50 万 t/a 乙烯装置碱洗塔主吊配备 1 根支撑式平衡梁，吊钩与吊耳之间采用 1 对 ϕ220mm×50m 的无接头钢丝绳绳圈连接，吊钩与平衡梁之间采用 1 对 ϕ39mm×20m 的钢丝绳和 2 个 85t 级卸扣连接；抬尾采用 1 对 ϕ120mm×20m 的钢丝绳（单根对折使用），通过 4 个 85t 级卸扣与抬尾吊耳连接。

（7）脱乙烷塔吊耳及索具设置

50 万 t/a 乙烯装置脱乙烷塔主吊采用 1 对 AXC-200 型管轴式吊耳，设置在上封头切线

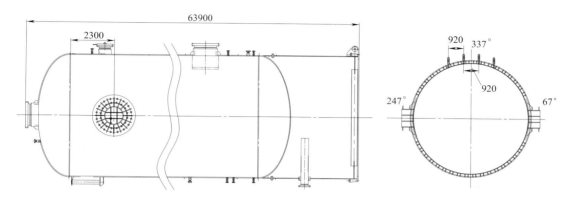

图 22-7　50 万 t/a 乙烯装置碱洗塔吊耳方位

向下 3300mm 处，方位为 249°和 69°；抬尾采用 2 个 AP-75 型板式吊耳，设置在裙座处，方位为 339°。50 万 t/a 乙烯装置脱乙烷塔吊耳方位见图 22-8。

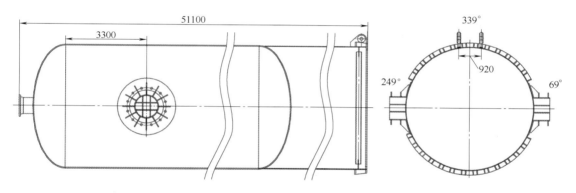

图 22-8　50 万 t/a 乙烯装置脱乙烷塔吊耳方位

　　50 万 t/a 乙烯装置脱乙烷塔主吊配备 1 根支撑式平衡梁，吊钩与吊耳之间采用 1 对 ϕ120mm×40m 的钢丝绳连接，吊钩与平衡梁之间采用 1 对 ϕ39mm×12m 的钢丝绳和 2 个 55t 级卸扣连接；抬尾采用 1 对 ϕ90mm×30m 的钢丝绳（单根对折使用），通过 2 个 85t 级卸扣与抬尾吊耳连接。

　　（8）高压脱丙烷塔吊耳及索具设置

　　50 万 t/a 乙烯装置高压脱丙烷塔主吊采用 1 对 AXC-150 型管轴式吊耳，设置在上封头切线向下 5950mm 处，方位为 90°和 270°；抬尾采用 2 个 AP-50 型板式吊耳，设置在裙座处，方位为 180°。50 万 t/a 乙烯装置高压脱丙烷塔吊耳方位见图 22-9。

　　50 万 t/a 乙烯装置高压脱丙烷塔主吊配备 1 根支撑式平衡梁，吊钩与吊耳之间采用 1 对 ϕ120mm×30m 的钢丝绳连接，吊钩与平衡梁之间采用 1 对 ϕ39mm×20m 的钢丝绳和 2 个 55t 级卸扣连接；抬尾采用 1 对 ϕ90mm×20m 的钢丝绳（单根对折使用），通过 2 个 85t 级卸扣与抬尾吊耳连接。

　　（9）脱甲烷塔吊耳及索具设置

　　50 万 t/a 乙烯装置脱甲烷塔主吊采用 1 对 AXC-150 型管轴式吊耳，设置在上封头切线

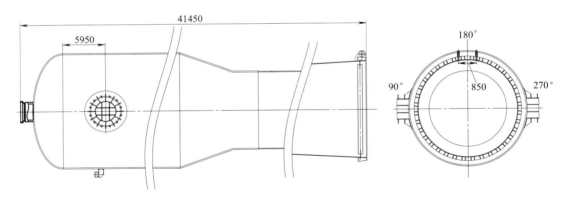

图 22-9   50 万 t/a 乙烯装置高压脱丙烷塔吊耳方位

向下 3721mm 处，方位为 306°和 126°；抬尾采用 2 个 AP-50 型板式吊耳，设置在裙座处，方位为 36°。50 万 t/a 乙烯装置脱甲烷塔见图 22-10。

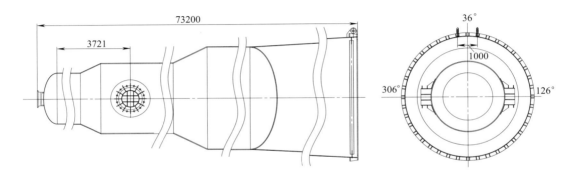

图 22-10   50 万 t/a 乙烯装置脱甲烷塔吊耳方位

50 万 t/a 乙烯装置脱甲烷塔主吊配备 1 根支撑式平衡梁，吊钩与吊耳之间采用 1 对 $\phi120mm×70m$ 的钢丝绳（由 $\phi120mm×40m$ 的钢丝绳和 $\phi120mm×30m$ 的钢丝绳通过 1 个 200t 级卸扣连接而成）连接，吊钩与平衡梁之间采用 1 对 $\phi39mm×20m$ 的钢丝绳和 2 个 55t 级卸扣连接；抬尾采用 1 对 $\phi83mm×20m$ 的钢丝绳（单根对折使用），通过 2 个 85t 级卸扣与抬尾吊耳连接。

（10）湿火炬罐吊耳及索具设置

50 万 t/a 乙烯装置湿火炬罐吊装时不设吊耳，采用"兜挂法"，即采用 1 对 $\phi120mm×30m$ 的钢丝绳兜挂设备两端。

（11）碳二加氢反应器保护床吊耳及索具设置

50 万 t/a 乙烯装置碳二加氢反应器保护床主吊采用 1 对 AXC-150 型管轴式吊耳，设置在上封头切线向下 1400mm 处，方位为 274.5°和 94.5°；抬尾采用 2 个 AP-50 型板式吊耳，设置在裙座处，方位为 4.5°。50 万 t/a 乙烯装置碳二加氢反应器保护床吊耳方位见图 22-11。

50 万 t/a 乙烯装置碳二加氢反应器保护床主吊配备 1 根支撑式平衡梁，吊钩与吊耳之间采用 1 对 $\phi90mm×30m$ 的钢丝绳连接，吊钩与平衡梁之间采用 1 对 $\phi39mm×20m$ 的钢丝

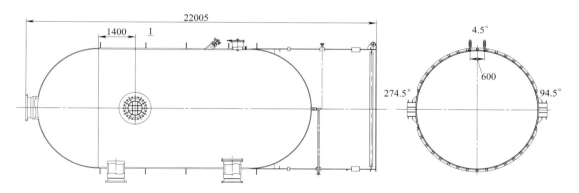

图 22-11　50 万 t/a 乙烯装置碳二加氢反应器保护床吊耳方位

绳和 2 个 55t 级卸扣连接；抬尾采用 1 对 ϕ83mm×20m 的钢丝绳（单根对折使用），通过 2 个 85t 级卸扣与抬尾吊耳连接。

（12）二元冷剂收集罐吊耳及索具设置

50 万 t/a 乙烯装置二元冷剂收集罐吊装时不设置吊耳，采用"兜挂法"，即采用 1 对 ϕ120mm×30m 的压制钢丝绳兜挂设备两端。

（13）碳二加氢反应干燥器吊耳及索具设置

50 万 t/a 乙烯装置碳二加氢反应器干燥器主吊采用 1 对 AXC-125 型管轴式吊耳，设置在上封头切线向下 1700mm 处，方位为 159°和 339°；抬尾采用 2 个 AP-25 型板式吊耳，设置在裙座处，方位为 249°。50 万 t/a 乙烯装置碳二加氢反应器干燥器吊耳方位见图 22-12。

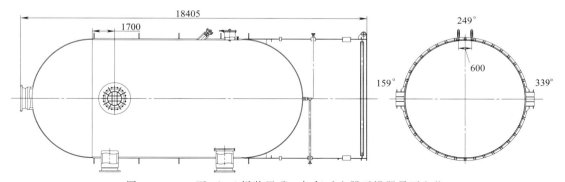

图 22-12　50 万 t/a 乙烯装置碳二加氢反应器干燥器吊耳方位

50 万 t/a 乙烯装置碳二加氢反应器干燥器主吊配备 1 根支撑式平衡梁，吊钩与吊耳之间采用 1 对 ϕ90mm×30m 的钢丝绳连接，吊钩与平衡梁之间采用 1 对 ϕ39mm×20m 的钢丝绳和 2 个 55t 级卸扣连接；抬尾采用 1 对 ϕ83mm×20m 的钢丝绳（单根对折使用），通过 2 个 35t 级卸扣与抬尾吊耳连接。

22.3　施工掠影

50 万 t/a 乙烯装置急冷水塔、急冷油塔、乙烯精馏塔、1# 丙烯精馏塔吊装见图 22-13～图 22-16。

图 22-13　50 万 t/a 乙烯装置急冷水塔吊装

图 22-14　50 万 t/a 乙烯装置急冷油塔吊装

图 22-15　50 万 t/a 乙烯装置乙烯精馏塔吊装

图 22-16　50 万 t/a 乙烯装置 1# 丙烯精馏塔吊装

第 23 章
煤气化制氢联合装置

23.1 典型设备介绍

26 万 m³/h 煤气化制氢联合装置有净质量大于等于 200t 的典型设备 10 台，其参数见表 23-1。

表 23-1 26 万 m³/h 煤气化制氢联合装置典型设备参数

序号	设备名称	设备规格（直径×高）/mm×mm	安装标高/mm	设备本体质量/t	预焊件质量/t	附属设施质量/t	设备总质量/t	数量/台
1	变换气洗涤塔	$\phi5200/\phi4200\times92790$	200	851.6	45.0	212.3	1108.9	1
2	硫化氢浓缩塔	$\phi6000\times93010$	200	378.8	25.0	232.2	636.0	1
3	未变换气洗涤塔	$\phi4980/\phi3400\times70500$	200	442.0	25.0	135.0	602.0	1
4	气化炉	$\phi1800/\phi3880\times25090$	39000	347.0	2.5		349.5	3
5	第一变换炉	$\phi4200\times9708$	200	259.7	2.0		261.7	1
6	水洗塔	$\phi4500\times26670$	200	241.6	2.0		243.6	3

23.2 吊装方案设计

23.2.1 吊装工艺选择

针对该装置 10 台典型设备的参数、空间布置和现场施工资源总体配置计划，吊装方案设计时预计投入 CC8800TWIN-1 型 3200t 级（单臂 1600t 级）履带式起重机 1 台、XGC12000 型 800t 级履带式起重机 1 台、SCC6500A 型 650t 级履带式起重机 1 台、QUY260 型 260t 级履带式起重机 1 台完成所有吊装工作，吊装布局见图 23-1。

① 变换气洗涤塔、硫化氢浓缩塔、未变换气洗涤塔和第一变换炉采用 CC8800TWIN-1 型 3200t 级履带式起重机主吊，SCC6500A 型 650t 级履带式起重机和 QUY260 型 260t 级履带式起重机抬尾，通过"单机提吊递送法"吊装；

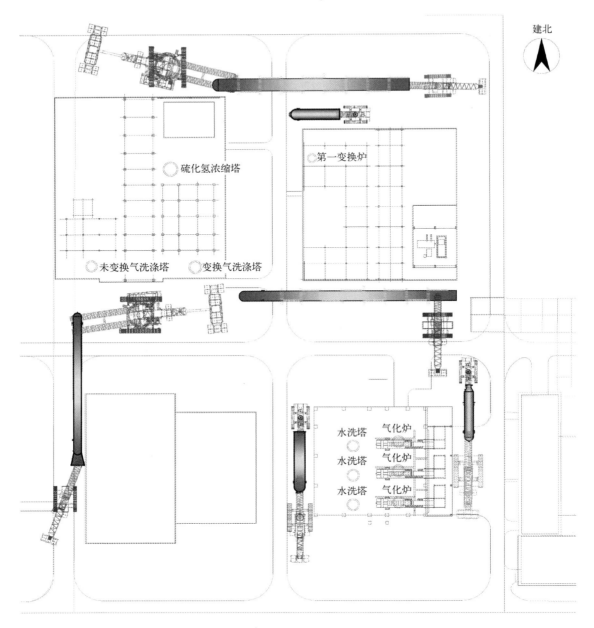

图 23-1　26 万 m³/h 煤气化制氢联合装置吊装布局

② 气化炉采用 CC8800TWIN-1 型 3200t 级（单臂 1600t 级）履带式起重机主吊，QUY260 型 260t 级履带式起重机抬尾，通过"单机提吊递送法"吊装；

③ 水洗塔采用 XGC12000 型 800t 级履带式起重机主吊，QUY260 型 260t 级履带式起重机抬尾，通过"单机提吊递送法"吊装。

23.2.2　吊装参数设计

根据选用的吊装工艺和起重机械的性能参数确定 10 台设备的吊装参数，见表 23-2。

表 23-2 26 万 m³/h 煤气化制氢联合装置典型设备吊装参数

序号	设备名称	计算质量 /t	索具质量 /t	吊装质量 /t	主/副起 重机吨级	臂杆长度 /m	作业半径 /m	额定载荷 /t	最大 负载率
1	变换气洗涤塔	1108.9	150.0	1384.8	3200t	123	26.0	1498.0	92%
		523.6	30.0	609.0	650t	48	12.0	644.0	95%
2	硫化氢浓缩塔	636.0	150.0	864.6	3200t	123	42.0	887.0	97%
		258.6	30.0	317.5	650t	48	12.0	324.0	98%
3	未变换气洗涤塔	602.0	150.0	827.2	3200t	123	42.0	887.0	93%
		270.1	30.0	330.1	650t	48	12.0	423.0	78%
4	气化炉	349.5	35.0	423.0	1600t	78+36	30.0	437.0	97%
		148.0	5.0	168.3	260t	27	8.0	173.6	97%
5	第一变换炉	261.7	150.0	452.8	3200t	123	40.0	529.0	86%
		85.2	5.0	99.2	260t	27	10.0	127.4	78%
6	水洗塔	243.6	30.0	301.0	800t	90	30.0	352.0	86%
		86.0	5.0	100.1	260t	27	10.0	127.4	79%

23.2.3 吊耳及索具设置

（1）变换气洗涤塔吊耳及索具设置

26 万 m³/h 煤气化制氢联合装置变换气洗涤塔主吊采用 1 对 AXC-600 型管轴式吊耳，设置在上封头切线向下 3390mm 处，方位为 198°和 18°；抬尾采用 4 个 AP-150 型板式吊耳，设置在底部向上 716mm 处，方位为 288°。26 万 m³/h 煤气化制氢联合装置变换气洗涤塔吊耳方位见图 23-2。

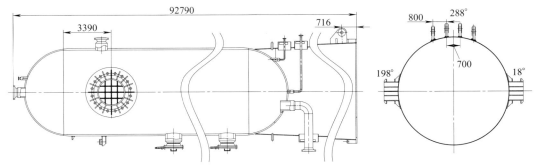

图 23-2 26 万 m³/h 煤气化制氢联合装置变换气洗涤塔吊耳方位

26 万 m³/h 煤气化制氢联合装置变换气洗涤塔主吊配备 1 根支撑式平衡梁，吊钩与吊耳之间采用 1 对 φ220mm×30m 的无接头钢丝绳绳圈连接，吊钩与平衡梁之间采用 1 对 φ39mm×20m 的钢丝绳和 2 个 55t 级卸扣连接；抬尾采用 1 对 φ160mm×30m 的钢丝绳（单根对折使用），通过 4 个 150t 级卸扣与抬尾吊耳连接。

（2）硫化氢浓缩塔吊耳及索具设置

26 万 m³/h 煤气化制氢联合装置硫化氢浓缩塔主吊采用 1 对 AXC-350 型管轴式吊耳，设置在上封头切线向下 12170mm 处，方位为 330°和 150°；抬尾采用 2 个 AP-150 型板式吊耳,设置在裙座处,方位为 60°。26 万 m^3/h 煤气化制氢联合装置硫化氢浓缩塔吊耳方位见图 23-3。

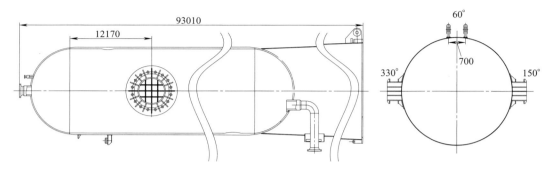

图 23-3　26 万 m^3/h 煤气化制氢联合装置硫化氢浓缩塔吊耳方位

26 万 m^3/h 煤气化制氢联合装置硫化氢浓缩塔主吊配备 1 根支撑式平衡梁,吊钩与吊耳之间采用 1 对 ϕ222mm×50m 的无接头钢丝绳绳圈连接,吊钩与平衡梁之间采用 1 对 ϕ52mm×20m 的钢丝绳和 2 个 55t 级卸扣连接;抬尾采用 1 对 ϕ120mm×48m 的钢丝绳(单根对折使用),通过 2 个 200t 级卸扣与抬尾吊耳连接。

（3）未变换气洗涤塔吊耳及索具设置

26 万 m^3/h 煤气化制氢联合装置未变换气洗涤塔主吊采用 1 对 AXC-350 型管轴式吊耳,设置在上封头切线向下 3750mm 处,方位为 320°和 140°;抬尾采用 4 个 AP-75 型板式吊耳,设置在裙座处,方位为 50°。26 万 m^3/h 煤气化制氢联合装置未变换气洗涤塔吊耳方位见图 23-4。

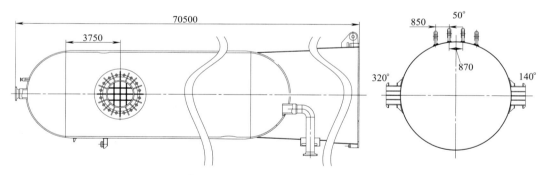

图 23-4　26 万 m^3/h 煤气化制氢联合装置未变换气洗涤塔吊耳方位

26 万 m^3/h 煤气化制氢联合装置未变换气洗涤塔主吊配备 1 根支撑式平衡梁,吊钩与吊耳之间采用 1 对 ϕ220mm×30m 的无接头钢丝绳绳圈连接,吊钩与平衡梁之间采用 1 对 ϕ39mm×20m 的钢丝绳和 2 个 55t 级卸扣连接;抬尾采用 1 对 ϕ120mm×30m 的钢丝绳(单根对折使用),通过 4 个 85t 级卸扣与抬尾吊耳连接。

（4）气化炉吊耳及索具设置

26 万 m^3/h 煤气化制氢联合装置气化炉主吊采用 1 对 AXC-175 型管轴式吊耳,设置在上封头切线向下 2000mm 处,方位为 270°和 90°;抬尾采用 2 个 AP-100 型板式吊耳,设置在底部端面向上 2001mm 处,方位为 0°。26 万 m^3/h 煤气化制氢联合装置气化炉吊耳方位见图 23-5。

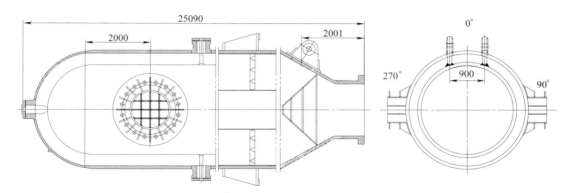

图 23-5 26 万 m³/h 煤气化制氢联合装置气化炉吊耳方位

26 万 m³/h 煤气化制氢联合装置气化炉主吊配备 1 根支撑式平衡梁，吊钩与吊耳之间采用 1 对 ϕ120mm×30m 的钢丝绳连接，吊钩与平衡梁之间采用 1 对 ϕ47mm×8m 的钢丝绳和 2 个 35t 级卸扣连接；抬尾采用 1 对 ϕ90mm×30m 的钢丝绳（单根对折使用），通过 2 个 120t 级卸扣与抬尾吊耳连接。

（5）第一变换炉吊耳及索具设置

26 万 m³/h 煤气化制氢联合装置第一变换炉主吊采用 1 对 AXC-150 型管轴式吊耳，设置在上封头切线向下 1430mm 处，方位为 0°和 180°；抬尾采用 2 个 AP-50 型板式吊耳，设置在裙座处，方位为 90°。26 万 m³/h 煤气化制氢联合装置第一变换炉吊耳方位见图 23-6。

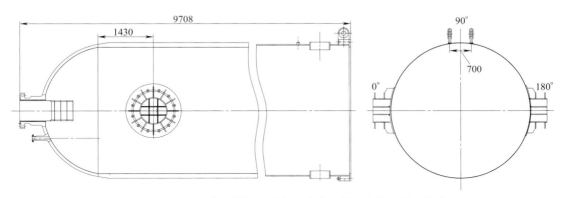

图 23-6 26 万 m³/h 煤气化制氢联合装置第一变换炉吊耳方位

26 万 m³/h 煤气化制氢联合装置第一变换炉主吊配备 1 根支撑式平衡梁，吊钩与吊耳之间采用 1 对 ϕ120mm×20m 的钢丝绳连接，吊钩与平衡梁之间采用 1 对 ϕ52mm×15m 的钢丝绳和 2 个 35t 级卸扣连接；抬尾采用 1 对 ϕ83mm×20m 的钢丝绳（单根对折使用），通过 2 个 85t 级卸扣与抬尾吊耳连接。

（6）水洗塔吊耳及索具设置

26 万 m³/h 煤气化制氢联合装置水洗塔主吊采用 1 对 AXC-125 型管轴式吊耳，设置在上封头切线向下 2000mm 处，方位为 270°和 90°；抬尾采用 2 个 AP-50 型板式吊耳，设置在裙座处，方位为 0°。26 万 m³/h 煤气化制氢联合装置水洗塔吊耳方位见图 23-7。

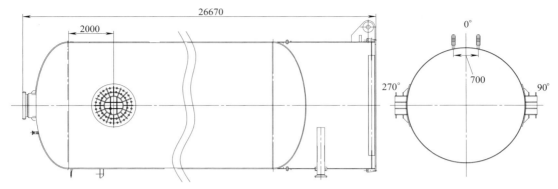

图 23-7　26 万 m³/h 煤气化制氢联合装置水洗塔吊耳方位

26 万 m³/h 煤气化制氢联合装置水洗塔主吊配备 1 根支撑式平衡梁，吊钩与吊耳之间采用 1 对 ϕ120mm×30m 的钢丝绳连接，吊钩与平衡梁之间采用 1 对 ϕ339mm×12m 的钢丝绳和 2 个 35t 级卸扣连接；抬尾采用 1 对 ϕ65mm×20m 的钢丝绳（单根对折使用），通过 2 个 85t 级卸扣与抬尾吊耳连接。

23.3　施工掠影

26 万 m³/h 煤气化制氢联合装置变换气洗涤塔、硫化氢浓缩塔、未变换气洗涤塔、第一变换炉、水洗塔、气化炉吊装见图 23-8～图 23-13。

图 23-8　26 万 m³/h 煤气化制氢联合
装置变换气洗涤塔吊装

图 23-9　26 万 m³/h 煤气化制氢联合
装置硫化氢浓缩塔吊装

图 23-10　26 万 m^3/h 煤气化制氢
联合装置未变换气洗涤塔吊装

图 23-11　26 万 m^3/h 煤气化制氢
联合装置第一变换炉吊装

图 23-12　26 万 m^3/h 煤气化制氢
联合装置水洗塔吊装

图 23-13　26 万 m^3/h 煤气化制氢
联合装置气化炉吊装

第24章

24 火炬设施

24.1 典型设备介绍

火炬设施区域有一座钢结构火炬塔架，高 168m，总质量约 2012.7t。火炬塔架建东侧、建西侧各附带 5 套火炬系统，分别为 DN1800 火炬 1 套、DN1600 火炬 1 套、DN900 火炬 1 套、DN800 火炬 1 套、DN450 火炬 1 套。火炬筒体通过安装在火炬塔架上的自提升导轨系统采用"倒装法"安装，导轨型号为 HM340×250×9×14、HM390×300×10×16，柱腿采用 ϕ1219mm 钢管法兰连接，柱脚截面为 36m×26m 的长方形，顶平台截面为 26m×26m 的正方形。火炬塔架安装采用"分段预制""分段吊装""空中组对"的施工工艺，分为八段，第一段在基础上预制，其余七段在基础周边预制。火炬塔架分段参数见表 24-1。

表 24-1　火炬塔架分段参数

序号	设备名称	设备规格(长×宽×高)/mm×mm×mm	安装标高/mm	设备本体质量/t	预焊件质量/t	附属设施质量/t	设备总质量/t
1	第一段	36000×26000×26040	500.0	535.0			535.0
2	第二段	30600×26000×22780	26540	433.7			433.7
3	第三段	26000×26000×20780	49320	242.0			242.0
4	第四段	26600×26000×20780	70100	212.6			212.6
5	第五段	26600×26000×20780	90900	195.3			195.3
6	第六段	26600×26000×20780	111700	148.5			148.5
7	第七段	26000×26000×20500	132500	123.1			123.1
8	第八段	26000×26000×14700	153300	122.5			122.5

24.2 吊装方案设计

24.2.1 吊装工艺选择

针对该火炬塔架的参数、空间布置和现场施工资源总体配置计划，吊装方案设计时预计投入 SCC20000A 型 2000t 级履带式起重机 1 台，通过"单机提吊旋转法"吊装，同时投入 QY50 型 50t 级汽车式起重机 2 台进行分段模块的组装拼接，吊装布局见图 24-1。

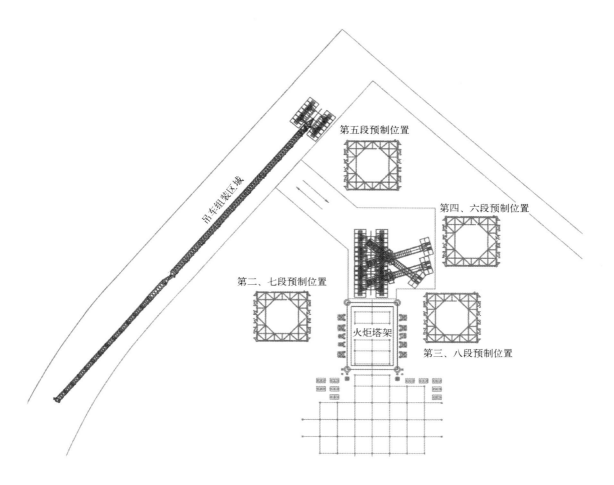

图 24-1　火炬塔架吊装布局

① 第一段火炬塔架采用 QY50 型 50t 级汽车式起重机吊在基础上直接组对；

② 第二段火炬塔架采用 SCC20000A 型 2000t 级履带式起重机 108m 超起主臂工况，通过"单机提吊旋转法"吊装；

③ 第三～五段火炬塔架采用 SCC20000A 型 2000t 级履带式起重机 108m 超起主臂＋60m 塔式副臂工况，通过"单机提吊旋转法"吊装；

④ 第六～八段火炬塔架采用 SCC20000A 型 2000t 级履带式起重机 108m 超起主臂＋90m 塔式副臂工况，通过"单机提吊旋转法"吊装。

24.2.2　吊装参数设计

根据选用的吊装工艺和起重机械的性能参数确定火炬塔架各分段模块的吊装参数，见表 24-2。

表 24-2 火炬塔架各分段模块的吊装参数

序号	设备名称	计算质量/t	索具质量/t	吊装质量/t	起重机吨级	臂杆长度/m	作业半径/m	额定载荷/t	最大负载率
1	第二段	433.7	59.6	542.6	2000t	108	37.0	587.5	92.35%
2	第三段	242.0	40.0	310.2	2000t	108+60	40.0	329.0	94.28%
3	第四段	212.6	40.0	277.8	2000t	108+60	40.0	284.0	97.83%
4	第五段	195.3	40.0	258.8	2000t	108+60	42.0	268.5	96.39%
5	第六段	148.5	20.5	185.9	2000t	108+90	52.0	193.0	96.34%
6	第七段	123.1	20.5	158.0	2000t	108+90	60.0	177.7	88.90%
7	第八段	122.5	20.5	157.3	2000t	108+90	60.0	177.7	88.54%

24.2.3 吊耳及索具设置

（1）第一段炬塔架吊耳及索具设置

第一段火炬塔架直接在基础上组装，不涉及吊耳设计及索具配置。

（2）第二、三段火炬塔架吊耳及索具设置

第二、三段火炬塔架吊装时不设置吊耳，采用"兜挂法"。首先采用 4 根 φ84mm×13m 的无接头钢丝绳绳圈通过缠绕的方式对塔架立柱的节点进行捆绑形成吊点，然后吊点与吊钩之间采用 4 根 φ135mm×78m（由 φ135mm×50m 和 φ135mm×28m 的钢丝绳通过卸扣连接而成）的钢丝绳（单根对折使用）和 4 个 200t 级卸扣连接。第二、三段火炬塔架吊装时的索具系挂见图 24-2。

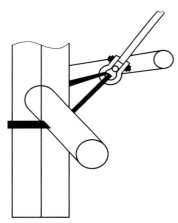

图 24-2 第二、三段火炬塔架吊装时的索具系挂

（3）第四～八段火炬塔架吊耳及索具设置

第四段及以上火炬塔架吊装时采用 4 个 DJ-75 型吊盖式吊耳（与火炬塔架立柱法兰口连接），吊装索具为 4 根 φ90mm×60m 的钢丝绳（单根对折使用），通过 4 个 85t 级卸扣与吊耳连接。

第四～八段火炬塔架吊装时的吊耳结构形式见图 24-3，吊耳有限元分析见图 24-4。

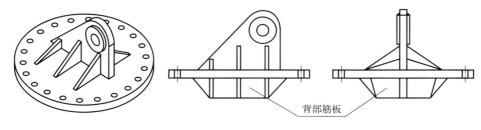

背部筋板

图 24-3 第四～八段火炬塔架吊装时的吊耳结构形式

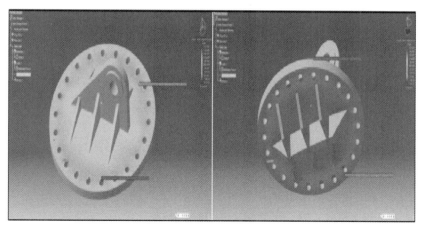

图 24-4　第四～八段火炬塔架吊装时的吊耳有限元分析

24.3　施工掠影

第二～八段火炬塔架吊装见图 24-5～图 24-11。

图 24-5　第二段火炬塔架吊装

图 24-6　第三段火炬塔架吊装

图 24-7　第四段火炬塔架吊装

图 24-8　第五段火炬塔架吊装

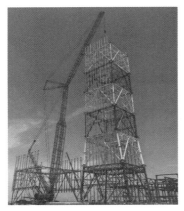

图 24-9 第六段火炬塔架吊装

图 24-10 第七段火炬塔架吊装

图 24-11 第八段火炬塔架吊装

第25章
空分装置

25.1 典型设备介绍

2×92800m³/h 空分装置有净质量大于等于 200t 的典型设备 4 台,其参数见表 25-1。

表 25-1 2×92800m³/h 空分装置典型设备参数表

序号	设备名称	设备规格(长×宽×高)/mm×mm×mm	安装标高/mm	设备本体质量/t	预焊件质量/t	附属设施质量/t	设备总质量/t	数量/台
1	主冷箱	8650×9350×61000	350	605.0	35.0	55.5	695.5	2
2	板式冷箱	20000×7200×12200	350	393.0	2.0	45.5	440.5	2

25.2 吊装方案设计

25.2.1 吊装工艺选择

针对 1# 空分装置和 2# 空分装置 4 台典型设备的参数、空间布置和现场施工资源总体配置计划,吊装方案设计时预计投入 CC8800-1 型 1600t 级履带式起重机 1 台、LR11350 型 1350t 级履带式起重机 1 台、LR1400/2 型 400t 级履带式起重机 2 台完成所有吊装工作,吊装布局见图 25-1。

① 1# 空分装置主冷箱采用 CC8800-1 型 1600t 级履带式起重机主吊,LR11350 型 1350t 级履带式起重机抬尾,通过"单机提吊递送法"吊装;

② 2# 空分装置主冷箱采用 CC8800-1 型 1600t 级履带式起重机主吊,LR1400/2 型 400t 级履带式起重机抬尾,通过"单机提吊双机抬尾递送法"吊装;

③ 1#、2# 空分装置板式冷箱采用 CC8800-1 型 1600t 级履带式起重机,通过"单机提吊法"吊装。

25.2.2 吊装参数设计

根据选用的吊装工艺和起重机械的性能参数确定主冷箱和板式冷箱的吊装参数,见表 25-2。

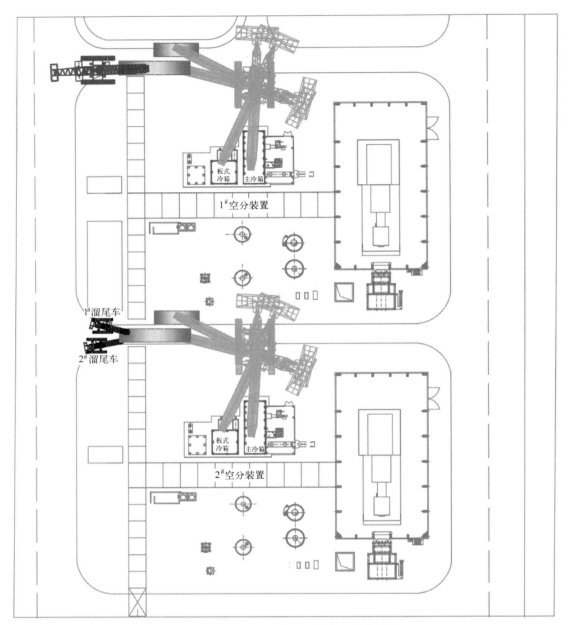

图 25-1 2×92800m³/h 空分装置吊装布局

表 25-2 2×92800m³/h 空分装置典型设备吊装参数

序号	设备名称	计算质量/t	索具质量/t	吊装质量/t	主/副起重机吨级	臂杆长度/m	作业半径/m	额定载荷/t	最大负载率
1	1#空分装置主冷箱	695.5	15.5	711.0	1600t	90	26.0	787.0	90.0%
		427.0	3.0	430.0	1350t	54	14.0	494	87.0%
2	2#空分装置主冷箱	695.5	15.5	711.0	1600t	90	26.0	787.0	90.0%
		206.5	1.5	208.0	400t	56	15.0	260.0	80.0%
		206.5	1.5	208.0	400t	56	11.0	299.0	69.5%
3	板式冷箱	395.0	45.5	440.5	1600t	90	22.0	562.0	78.4%

25.2.3　吊耳及索具设置

（1）1# 空分装置主冷箱吊耳及索具设置

1# 空分装置主冷箱主吊采用 2 个 AP-400 型板式吊耳，设置在顶部边梁上；抬尾采用 2 个 AP-250 型板式吊耳，设置在距离箱底 3500mm 处的横梁上。1# 空分装置主冷箱吊耳方位见图 25-2。

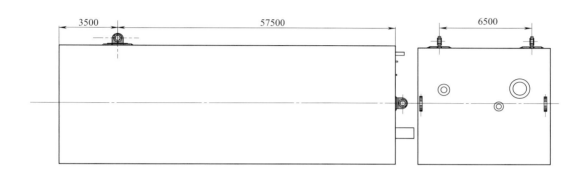

图 25-2　1# 空分装置主冷箱吊耳方位

1# 空分装置主冷箱主吊配备 1 根支撑式平衡梁，吊钩与平衡梁之间采用 1 对 ϕ65mm× 20m 的钢丝绳（单根对折使用）和 2 个 55t 级卸扣连接，吊钩与吊耳之间采用 1 对 ϕ168mm×36m 的无接头钢丝绳绳圈和 2 个 500t 级卸扣连接；抬尾配备 1 根支撑式平衡梁，吊钩与平衡梁之间采用 1 对 ϕ52mm×18m 的无接头钢丝绳绳圈和 2 个 55t 级卸扣连接，吊钩与吊耳之间采用 1 对 ϕ120mm×28m 的钢丝绳绳圈和 2 个 300t 级卸扣连接。

（2）2# 空分装置主冷箱吊耳及索具设置

2# 空分装置主冷箱主吊采用 2 个 AP-400 型板式吊耳，设置在顶部边梁上；抬尾采用 2 个 AP-250 型板式吊耳，设置在距离箱底 3500mm 处的横梁上。

2# 空分装置主冷箱主吊配备 1 根支撑式平衡梁，吊钩与平衡梁之间采用 1 对 ϕ65mm× 20m 的钢丝绳（单根对折使用）和 2 个 55t 级卸扣连接，吊钩与吊耳之间采用 1 对 ϕ168mm× 30m 的无接头钢丝绳绳圈和 2 个 500t 级卸扣连接；2 台 400t 级履带式起重机抬尾各采用 1 根 ϕ120mm×12m 的压制钢丝绳绳圈和 1 个 300t 级卸扣与抬尾吊耳连接。

（3）板式冷箱吊耳及索具设置

2×92800m³/h 空分装置板式冷箱为卧式设备，吊装时采用 4 个 AP-150 型板式吊耳，设置在顶部边梁上，见图 25-3。

2×92800m³/h 空分装置板式冷箱吊装时配备 1 根无弯矩平衡梁，吊钩和平衡梁之间采用 1 对 ϕ168mm×18m 的钢丝绳绳圈连接，平衡梁下方采用 1 对 ϕ168mm×12m 的钢丝绳绳圈形成连接点，连接点下方通过 2 个 300t 级卸扣和 4 根 ϕ92mm×40m 的钢丝绳绳圈连接，4 根 ϕ92mm×40m 的钢丝绳绳圈通过 4 个 300t 级卸扣和吊耳连接。

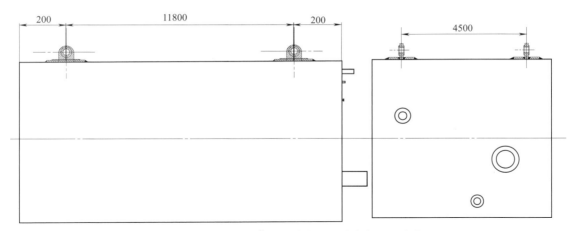

图 25-3   2×92800m³/h 空分装置板式冷箱吊耳方位

25.3   施工掠影

2×92800m³/h 空分装置主冷箱、板式冷箱吊装见图 25-4、图 25-5。

图 25-4   2×92800m³/h 空分装置主冷箱吊装

图 25-5   2×92800m³/h 空分装置板式冷箱吊装

下篇

吊装方案设计建议与实施案例

第26章　吊装工艺选择的建议与实施案例

第27章　吊装方法选择的建议与实施案例

第28章　吊装组织程序制定的建议与实施案例

第29章　吊装步骤设计的建议与实施案例

第30章　吊装参数确定的建议与实施案例

第31章　吊耳设计的建议与实施案例

第32章　设备交付形式的建议与实施案例

第33章　设备防变形加固的建议与实施案例

第34章　设备交付计划的建议与实施案例

第35章　吊装机械资源配置的建议与实施案例

第36章　吊装场地规划及预留的建议与实施案例

第37章　吊装地基加固处理的建议与实施案例

第38章　吊装作业施工组织的建议与工程案例

第**26**章

吊装工艺选择的建议与实施案例

26.1 吊装工艺选择的建议

吊装工艺是指在吊装作业活动中，对起重机械的应用、吊装作业的流程与步骤等一系列技术和操作方法的统称。常见的吊装工艺有液压提升系统吊装工艺、液压顶升系统吊装工艺、桅杆吊装工艺、起重机吊装工艺（包括汽车式起重机、履带式起重机、塔式起重机等）、千斤顶顶升工艺和卷扬机牵引工艺等。

液压提升系统吊装工艺见图 26-1，双桅杆抬吊工艺见图 26-2，起重机吊装工艺见图 26-3。

图 26-1　液压提升系统吊装工艺

图 26-2　双桅杆抬吊工艺

工作建议 1：选择吊装工艺时，应综合考虑被吊工件的结构特征、外形尺寸和质量，以及作业环境、可调配的吊装机械资源等要素，且兼顾项目进度要求，确保选择的吊装工艺安全、经济、合理。

工作建议 2：目前，随着我国起重机械技术研发和生产制造能力的突飞猛进，起重机械的应用技术也走向成熟。例如，我国自主研发的 SCC98000TM 型 4500t 级履带式起重机、

图 26-3　起重机吊装工艺

XGC88000 型 4000t 级履带式起重机、ZCC3200NP 型 3200t 级履带式起重机、XCA4000 型 4000t 级全地面式起重机、SAC24000T 型 2400t 级全地面式起重机、ZAT24000H 型 2400t 级全地面式起重机等大型起重机械已经大量涌入市场。这些起重机械具有吊装能力大、使用性能稳、工作效率高、机动性强等特点，在现代化大型工程项目建设中进行吊装工艺选择时应优先选择起重机吊装工艺。

　　工作建议 3：当被吊工件质量大、高度高，起重机的吊装能力无法满足工件安全吊装或者被吊工件数量少、动迁起重机械存在经济性差的情况下，且施工现场具有足够的作业空间时，可以采用液压提升系统吊装工艺或液压顶升系统吊装工艺。

　　工作建议 4：在被吊装工件的安装环境复杂，且常规吊装工艺实施受限的情况下，可以采用卷扬机牵引工艺或千斤顶顶升工艺。

26.2　实施案例

　　案例一：某 1600 万 t/a 炼化一体化项目共有净质量 200t 以上的大型设备 184 台，在进行吊装工艺选择时，均采用起重机吊装工艺。

　　该项目共计投入 SCC98000TM 型 4500t 级履带式起重机、XGC88000 型 4000t 级履带式起重机、ZCC3200NP 型 3200t 级履带式起重机、CC8800-1 型 1600t 级履带式起重机、ZCC12500 型 1250t 级履带式起重机等 300t 级以上的起重机械 23 台。

　　某 1600 万 t/a 炼化一体化项目反应器吊装见图 26-4。

　　案例二：某 2000 万 t/a 炼化一体化项目（一期）共有净质量 200t 以上的大型设备 226 台，在进行吊装工艺选择时，仅有 2 套 150 万 t/a 乙烯装置的 1# 丙烯精馏塔（直径 9.2m、高度 109.4m、总质量 2339.5t、吊装质量 2694.5t）受高度和质量限制采用了液压提（顶）升系统吊装工艺，其余均采用起重机吊装工艺。

　　该项目共计投入 4000t 级液压提升系统 1 套，3600t 级液压顶升系统 1 套，SCC98000TM 型 4500t 级履带式起重机、XGC88000 型 4000t 级履带式起重机、CC8800-1TWIN 型 3200t 级履带式起重机、ZCC32000 型 2000t 级履带式起重机、SCC20000A 型

图 26-4　某 1600 万 t/a 炼化一体化项目反应器吊装

2000t 级履带式起重机、ZCC12500 型 1250t 级履带式起重机等 300t 级以上的起重机械 28 台。

在进行 300 万 t/a 浆态床装置中的 3 台浆态床反应器（直径 5.5m、高度 67.57m、总质量 2993t、吊装质量 3188t）吊装工艺选择时，经过反复技术论证，将液压提升系统吊装工艺改为了起重机吊装工艺。

最终，采用 XGC88000 型 4000t 级履带式起重机安全、顺利、高效地完成了 3 台浆态床反应器吊装，不仅缩短了吊装作业的施工周期，而且显著提升了整个装置施工的工作效率，有力地推动了工程建设的总体进度。

3600t 级液压顶升系统吊装 2# 乙烯装置 1# 丙烯塔见图 26-5，XGC88000 型 4000t 级履带式起重机吊装浆态床反应器见图 26-6。

图 26-5　3600t 级液压顶升系统吊装 2# 乙烯装置 1# 丙烯塔

案例三：在某天然气处理厂建设时，有 7 台大型压缩机需要安装。其中 4 台到货较早，可以采用起重机吊装工艺进行安装，另外 3 台备用压缩机在项目投产后陆续到货安装。为了保证前期投用压缩机的作业环境符合要求，必须对整个压缩机厂房进行封闭。在进行后 3 台备用压缩机吊装工艺选择时，根据项目具体情况采用了卷扬机牵引工艺。

图 26-6　XGC88000 型 4000t 级履带式起重机吊装浆态床反应器

卷扬机牵引工艺安装压缩机见图 26-7。

图 26-7　卷扬机牵引工艺安装压缩机

第**27**章
吊装方法选择的建议
与实施案例

27.1 吊装方法选择的建议

吊装方法因研究对象不同而有所差异，具体如下：

① 以主吊机械为对象，吊装方法可分为单机提吊法、双机抬吊法、多机抬吊法（主吊机械数量大于等于 3 台）。

② 以抬尾机械为对象，吊装方法可分为尾排滑移法（尾排有木排和钢排之分）、单机递送法、双机抬尾递送法、溜尾机递送法、门架递送法。

③ 以被吊工件为对象，吊装方法可分为滑移法、旋转法和扳转法。

桅杆扳转法吊装火炬塔架见图 27-1。

图 27-1　桅杆扳转法吊装火炬塔架

工作建议 1：在现代化大型工程建设项目中，通常情况下，主吊优先采用单机提吊法，抬尾优先选用单机递送法。

工作建议 2：在可调配的起重机械资源受限或者经济性较差，且施工现场作业空间允许的情况下，主吊机械可以选择双机抬吊法，抬尾机械也可以选择双机抬尾递送法、溜尾机递送法或门架递送法。

工作建议 3：无论是主吊机械还是抬尾机械，一般不建议采用多机抬吊法。

27.2　实施案例

案例一：某 2000 万 t/a 炼化一体化项目（二期）大型设备吊装工程实施期间，在进行 2# 乙烯装置的急冷油塔（直径 13.2m、高度 64m、吊装质量 1429t）吊装方法选择时，考虑到设备结构尺寸及质量、可调配吊装机械资源和现场施工环境，采用了"双机抬吊递送法"，吊装机械为 CC8800-1TWIN 型 3200t 级履带式起重机和 LR11250 型 1250t 级履带式起重机。

双机抬吊递送法吊装急冷油塔见图 27-2。

图 27-2　双机抬吊递送法吊装急冷油塔

案例二：某 2000 万 t/a 炼化一体化项目（一期）共有净质量 200t 以上的大型设备 226 台，在进行吊装方法选择时，通过对安装环境、吊装机械配置、设备结构尺寸及质量、项目建设工期需求等进行综合评估，并结合吊装作业的安全性和经济性，有 6 台电脱盐罐和 1 台四联换热器采用了"双机抬吊法"，仅 EO/EG 装置洗涤塔（下段）采用了"双机抬尾递送法"。

双机抬吊法吊装四联换热器见图 27-3，单机提吊双机抬尾递送法吊装见图 27-4。

图 27-3　双机抬吊法吊装四联换热器

案例三：在进行某 1600 万 t/a 炼化一体化项目空分装置的 1# 主冷箱（规格尺寸 8650mm×9350mm×61000mm、吊装质量 711t）吊装方法选择时，综合考虑设备结构尺寸、可调配吊装机械资源和现场安装环境等因素，主吊机械（1 台 CC8800-1 型 1600t 级履

图 27-4　单机提吊双机抬尾递送法吊装

带式起重机）采用了"单机提吊法"，抬尾机械（2 台 LR1400/2 型 400t 级履带式起重机）采用了"双机抬尾递送法"。

主冷箱吊装作业见图 27-5。

图 27-5　主冷箱吊装作业

第**28**章

吊装组织程序制定的建议与实施案例

28.1 吊装组织程序制定的建议

吊装作业组织不仅涉及技术方案的规划、编制、审批和专家论证等技术准备工作，而且还涉及吊装地基处理与检测、起重机械进场组装与检测、被吊设备进场与穿衣戴帽等现场施工准备工作，以及吊装作业的实施过程，简称"两准备一实施"，具体内容如下：

① 技术准备包括现场勘察、图纸审核、相关数据资料的整理，以及吊装方案的编制、审批和专家论证。此外，还包括对设备到货形式、到货时间，设备进入装置的朝向和吊耳方位等现场施工技术要求关键条件的沟通与确认。

② 现场施工准备包括相关管理和作业人员的资质审核、进场教育与安全培训，吊装地基处理与检测、起重机械进场组装与检测、索具进场与检测，设备到货后的运输与摆放、设备进场后的吊耳复检，吊装前的各项准备等。

③ 实施过程包括方案交底、安全交底、索具系挂、吊装前联合检查、起吊令签发、试吊和正式吊装过程组织、吊装过程督查等。

工作建议：吊装作业组织是一个多环节、多工序协同的复杂的系统性工作，为确保吊装作业安全高效和有序进行，制定吊装方案时，应针对每台设备的特定情况以及现场布局情况，设计具有针对性且指导性强的吊装作业组织流程。

28.2 实施案例

某 150 万 t/a 乙烯装置急冷水塔直径 16m/13.2m、高度 65.25m、净质量 1688t、吊装质量 2158t（含附塔管线、劳动平台和保温 170t，平衡梁、钢丝绳等索具 300t），在制定吊装方案时，依据施工环境的实际情况对吊装作业的技术准备、现场施工准备以及实施过程的组织程序进行了周密规划，详见图 28-1。这些规划可以指导吊装作业的各个环节，确保了工作的安全、有序和高效推进。

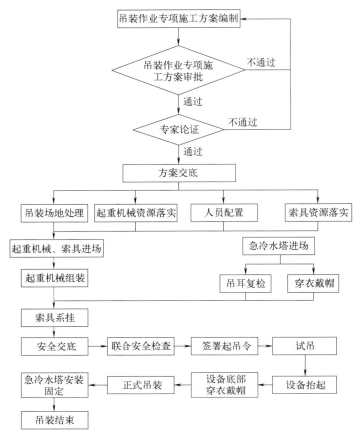

图 28-1　急冷水塔吊装作业组织程序

第**29**章

吊装步骤设计的建议与实施案例

29.1 吊装步骤设计的建议

在每台设备的吊装过程中，从索具系挂完毕到吊装作业完成，主吊和抬尾起重机的受力状况持续发生着变化。这些变化涉及相对空间位置、作业环境、作业半径、载荷以及负载率，甚至包括起重机械配重的质量。

工作建议 1：在进行吊装方案设计时，应制定详细的操作步骤对吊装作业的过程变化进行表达。

工作建议 2：在制定操作步骤时，应做到文字简洁、图表清晰和数据准确。

29.2 实施案例

案例一：某 2000 万 t/a 炼化一体化项目（一期）乙苯/苯乙烯装置四联换热器直径 5.4m，长度 41.2m，本体质量 960t，卧式安装在 15m 的混凝土框架上。在进行吊装方案设计时，依据现场情况、设备特点和吊装资源的整体配置计划选用了 1 台 ZCC32000 型 2000t 级履带式起重机和 1 台 XGC12000 型 800t 级履带式起重机进行"双机抬吊法"。为了保证吊装作业安全、顺利进行，制定了大型设备吊装工艺卡对吊装步骤进行详细设计，见表 29-1。

表 29-1 乙苯/苯乙烯装置四联换热器吊装工艺卡

×××项目		大型设备吊装工艺卡		×××吊装公司	
装置名称	乙苯/苯乙烯装置	设备名称	四联换热器	设备位号	1215-E-304/305/306/307
设备规格	φ5400mm×41200mm	设备净质量	960t	附件质量	
吊装方法	双机抬吊法	起重机 1 索具重量	73t	起重机 2 索具重量	40t
起重机 1	ZCC32000 型 2000t 级履带式起重机	最大受力	711.4t	最大负载率	80.38%
起重机 2	XGC12000 型 800t 级履带式起重机	最大受力	469.2t	最大负载率	82.74%
一、吊装工艺设计					

　　根据装置平面图和现场条件，吊装时选用"双机抬吊法"。起重机 1 采用 ZCC32000 型 2000t 级履带式起重机，起重机 2 采用 XGC12000 型 800t 级履带式起重机，在设备基础正南侧站位，就位半径分别为 22m 和 17m。四联换热器到货后倾斜放置在设备基础南侧，见图 1。

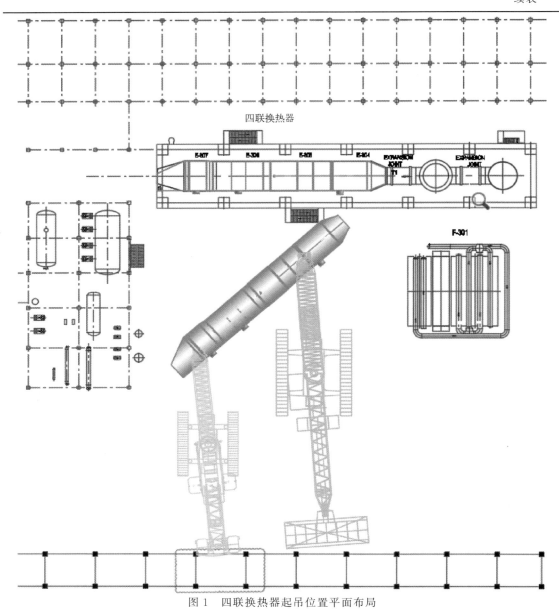

图 1　四联换热器起吊位置平面布局

二、吊装作业操作步骤

本次吊装作业从索具系挂完成到吊装作业结束共分八个步骤,具体如下:

第一步:起重机将设备水平抬起。

两起重机同时缓慢起钩,将设备抬离支墩 200mm,静置 5min,检查起重机 1、2 的受力情况、索具受力情况、地基沉降幅度、设备状态等。检查无异常状态后,将支垫设备的支墩、鞍座撤离吊装区域。该状态下起重机参数如下:

- 起重机 1 参数:SDB-1 工况 84m 主臂,加载 450t 超起配重,设置 30m 超起半径,额定载荷 885t,作业半径 22m,最大吊装质量 711.4t,最大动负载率 80.38%。
- 起重机 2 参数:SHB 工况 57m 主臂,加载 330t 超起配重,设置 19m 超起半径,额定载荷 567t,作业半径 17m,最大吊装重量 469.2t,最大动负载率 82.74%。

第二步:起重机 2(XGC12000 型 800t 级履带式起重机)向前行走。

起重机 1(ZCC32000 型 2000t 级履带式起重机)保持 22m 作业半径不变,起重机 2(XGC12000 型 800t 级履带式起重机)缓慢向北行走 13.4m(行走过程中应确保吊钩垂直),同时缓慢逆时针回转主臂 21°。该状态下两起重机参数不变。

第三步：两起重机同时提升设备。

待起重机 2（XGC12000 型 800t 级履带式起重机）行驶至图 2 位置后，两起重机同时提升吊钩，使设备底部高出基础顶部 200mm。

第四步：两起重机同时向前行进。

起重机 1（ZCC32000 型 2000t 级履带式起重机）和起重机 2（XGC12000 型 800t 级履带式起重机）将设备提升至指定高度后，同时缓慢向北行走 15m，使设备建东侧位于基础上方，如图 3 所示。

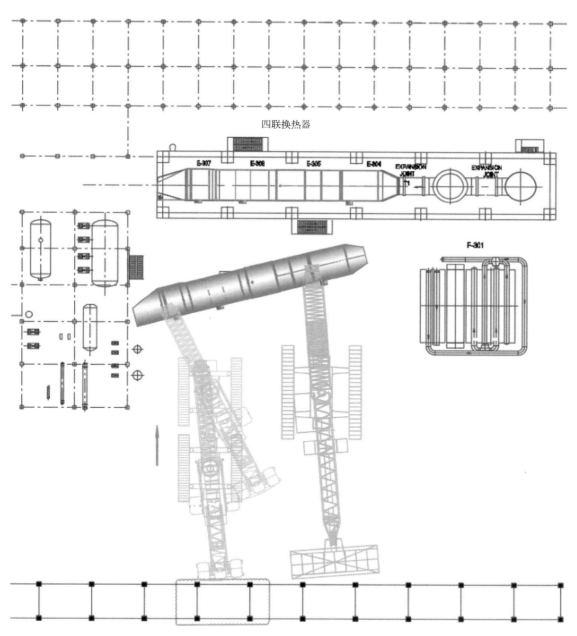

图 2　XGC12000 型 800t 级履带式起重机行走平面布局

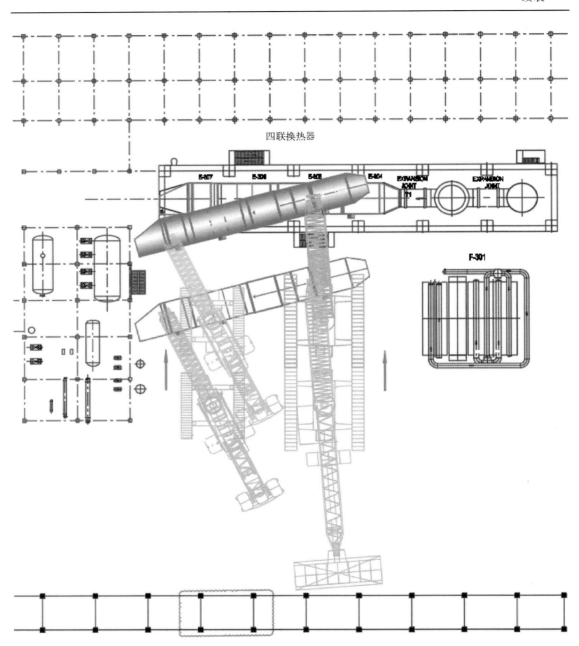

图 3　两起重机同时行走

第五步：调整设备与基础达到平衡状态。

起重机 2（XGC12000 型 800t 级履带式起重机）缓慢向北行走 5.2m，同时起重机 2 顺时针转动主臂 16°，起重机 1（ZCC32000 型 2000t 级履带式起重机）顺时针转动主臂 13°，使设备与基础达到平行状态，见图 4。

第六步：设备就位。

起重机 1（ZCC32000 型 2000t 级履带式起重机）和起重机 2（XGC12000 型 800t 级履带式起重机）同时缓慢降落吊钩，将设备放置在基础上方，见图 5。

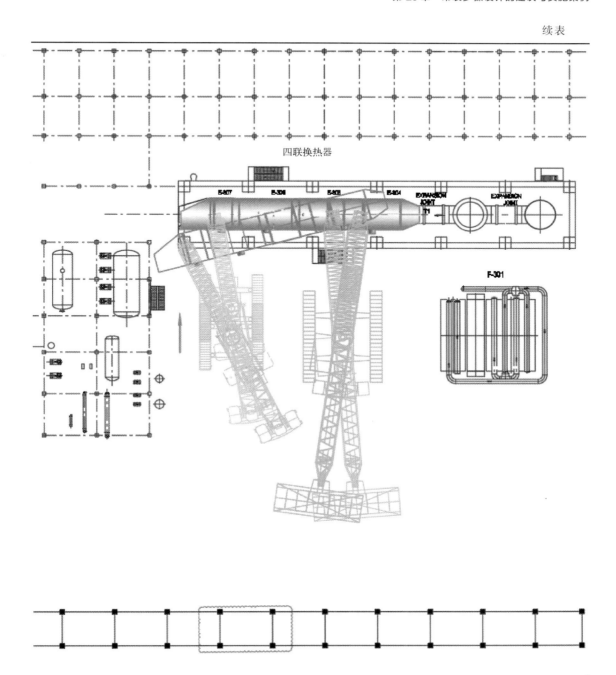

图 4　XGC12000 型 800t 级履带式起重机行走

第七步:调整两起重机吊钩,配合设备找正。

通过调整起重机 1(ZCC32000 型 2000t 级履带式起重机)和起重机 2(XGC12000 型 800t 级履带式起重机)的吊钩,配合安装单位进行设备水平度调整工作。

第八步:摘除吊装索具,吊装工作结束。

待设备找正,经安装单位、吊装单位、监理单位和建设单位联合检查确认,四方签署《大型设备吊装分项工程完工验收单》后两起重机回落吊钩,摘除吊装索具。

至此,吊装工作结束。

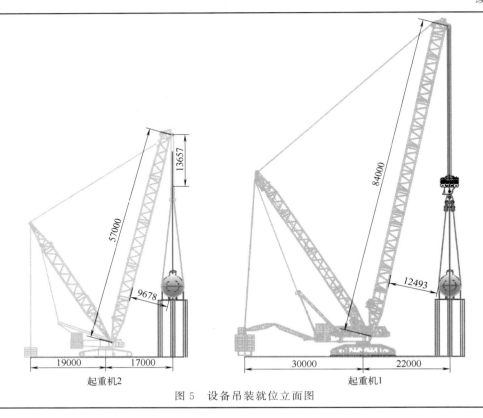

图5　设备吊装就位立面图

案例二：某2000万t/a炼化一体化项目（一期）160万t/a气体分馏装置丙烯塔直径7.8m，高度85m，吊装质量1480.5t。在进行吊装方案设计时，依据现场情况、设备特点和吊装资源的整体配置计划选用了1台XGC88000型4000t级履带式起重机和1台XGC12000型800t级履带式起重机进行"单机提吊递送法"。为了保证吊装作业安全、顺利进行，制定了大型设备吊装工艺卡对吊装步骤进行详细设计，见表29-2。

表29-2　160万t/a气体分馏装置丙烯塔Ⅱ（2）吊装工艺卡

×××项目		大型设备吊装工艺卡		×××吊装公司	
装置名称	160万t/a气体分馏装置	设备名称	丙烯塔Ⅱ（2）	设备位号	1111-C-106
设备规格	φ7800mm×85000mm	设备净质量	960.0t	附件质量	255.0t
吊装方法	单机提吊递送法	主起重机索具重量	130.9t	副起重机索具重量	31.4t
主起重机	XGC88000型4000t级履带式起重机	最大受力	1480.5t	最大负载率	92.53%
副起重机	XGC12000型800t级履带式起重机	最大受力	493.2t	最大负载率	97.02%

一、吊装工艺设计

　　根据装置平面图和现场作业条件，吊装时选用"单机提吊递送法"。主起重机采用XGC88000型4000t级履带式起重机，副起重机采用XGC12000型800t级履带式起重机，在设备基础东侧站位。丙烯塔Ⅱ（2）到货后在基础东侧规划位置卸车并进行"穿衣戴帽"工作，见图1。

　　• 主起重机参数如下：超起重型工况120m主臂，加载2900t超起配重，设置33m超起半径，额定载荷1600t，就位时作业半径32m，最大吊装质量1480.5t，最大动负载率92.53%。

　　• 副起重机参数如下：超起重型工况48m主臂，加载90t超起配重，设置16m超起半径，额定载荷508.4t，抬尾时作业半径10m，最大吊装质量493.2t，最大动负载率97.02%。

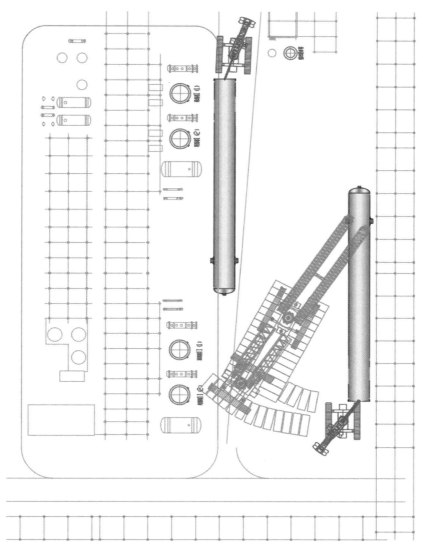

图 1　丙烯塔Ⅱ(2)起吊位置平面布局

二、吊装作业操作步骤

本次吊装作业从索具系挂到吊装作业结束共分十三个步骤,具体如下:

第一步:主、副起重机将设备水平抬起。

主、副起重机同时缓慢起钩,将设备抬离支墩 200mm,静置 5min,检查两起重机受力情况、索具受力情况、地基沉降幅度、设备状态等。检查无异常状态后,将支垫设备支墩、鞍座撤离吊装区域。该状态下两起重机参数如下:

• 主起重机参数:超起重型工况 120m 主臂,加载 2900t 超起配重,设置 33m 超起半径,额定载荷 1060t,抬头时作业半径 46m,最大吊装质量 924.0t,最大动负载率 87.17%。

• 副起重机参数:超起重型工况 48m 主臂,加载 90t 超起配重,设置 16m 超起半径,额定载荷 508.4t,抬尾时作业半径 10m,最大吊装质量 493.2t,最大动负载率 97.02%。

第二步:进行附属设施安装。

主、副起重机继续保持工况不变,安装单位进行管子、梯子、操作平台、绝热和电气仪表等附属设施的安装。

第三步:抬尾起重机行走区域路基箱铺设。

采用 1 台 280t 级履带式起重机铺设抬尾起重机行走路基板。路基箱规格 2.3m×6m,"横纵交错单层"铺设,共铺设 26 块。

第四步:降低设备高度。

主起重机缓慢提升吊钩,副起重机缓慢回落吊钩,直至设备裙座最底部离地面200mm左右,见图2。

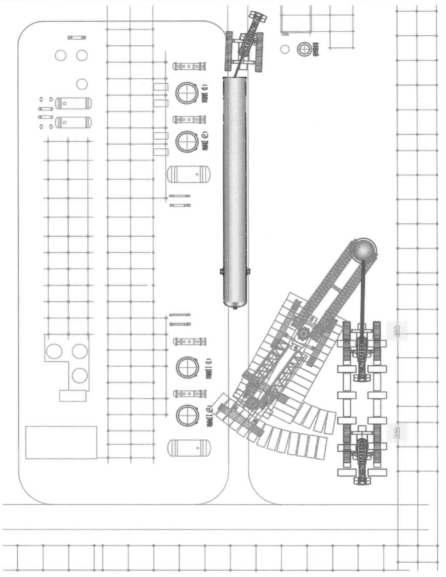

图 2 主、副起重机递送设备平面布局

第五步:调整主起重机作业半径。

主起重机缓慢提升臂杆,将作业半径从46m逐渐调整至32m。此过程中,主起重机应及时调整吊钩高度副起重机保持作业半径10m不变,随着设备状态的变化逆时针缓慢旋转臂杆41°,始终保持设备最底部距离地面200mm左右。

第六步:将设备翻转至直立状态。

主起重机作业半径保持32m后缓慢提升吊钩,将设备翻转至直立状态。此过程中,副起重机先保持作业位置不变,逐步将作业半径由10m调整到22m;然后再保持22m作业半径不变,随着设备的翻转向北行走40m;最后在40m位置保持不变,通过回落臂杆和提升吊钩逐渐将作业半径从22m调整到28m,直至设备翻转至直立状态。设备最底部始终保持距离地面200mm左右。

第七步:摘除抬尾索具。

设备垂直后,主起重机停止动作,拆除抬尾索具,副起重机退出吊装作业。

第八步:铺设主起重机后车路基箱。

采用 1 台 280t 级履带式起重机为主起重机后车铺设路基箱。

第九步:调整设备位置。

主起重机后车路基箱铺设完毕,主起重机逆时针缓慢旋转臂杆约 180°,将设备从起重机的东北位置调整至西南位置。此过程中,设备最底部始终保护距离地面 200mm 左右。

第十步:主起重机向基础方向行走。

待设备位置调整完毕后,主起重机向西南方向行走约 23m,将设备送至基础附近。此过程中,设备最底部始终保持距离地面 200mm 左右。

第十一步:将设备吊至基础正上方。

主起重机将设备送至基础附近后,先缓慢提升吊钩使设备最底部位置高出地脚螺栓 200mm 左右,然后再逆时针旋转臂杆,直至将设备吊至基础正上方,见图 3、图 4。

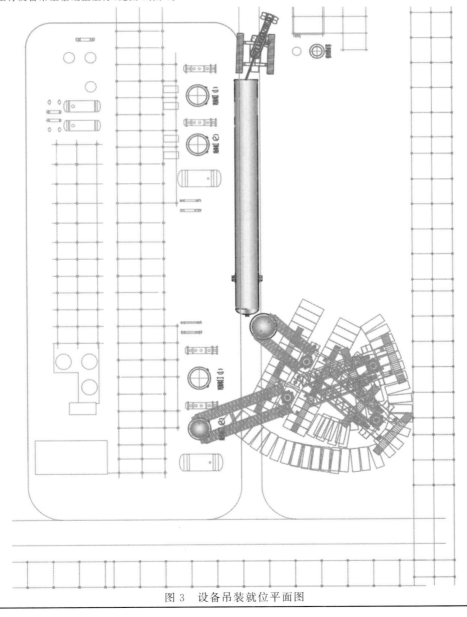

图 3　设备吊装就位平面图

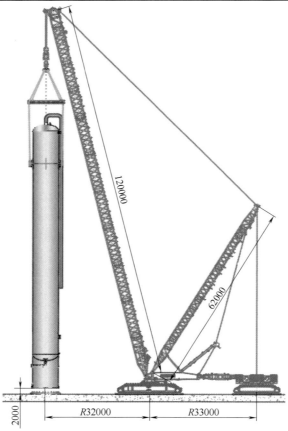

图 4 设备吊装就位立面图

第十二步：配合设备安装。

通过调整起重机的臂杆和吊钩,配合安装单位进行设备安装工作。

第十三步：摘除吊装索具,吊装工作结束。

待设备找正,经安装单位、吊装单位、监理单位和建设单位联合检查确认,四方签署《大型设备吊装分项工程完工验收单》后主起重机回落吊钩,摘除吊装索具。

至此,吊装结束。

第**30**章

吊装参数确定的建议与实施案例

30.1　吊装参数确定的建议

吊装参数包括但不限于设备的结构尺寸、重心位置、吊装受力点、本体质量、附属设施质量、计算质量，索具质量、吊装质量，以及吊装机械的工况、臂杆长度、作业半径、超起半径、超起配重、额定载荷、最大负载率等。在设计吊装方案时，应通过图表的形式对这些参数进行详尽且精确的展示。

工作建议 1：设备的重心位置和本体质量是吊装方案设计的基础，计算时务必做到认真、仔细、全面、准确。设备的计算质量应充分考虑附塔管线、劳动保护、电气仪表、绝热材料和内外固定件等附属设施的质量，做到计算不漏项、不多算。

工作建议 2：吊装质量的确定应在充分考虑吊装作业环境、吊装作业过程的平稳性、风载影响的基础上，合理选择动载系数。

工作建议 3：吊装机械的型号、等级、工况选择要科学合理，负载率宜控制在 80％～90％之间。负载率过低说明吊装机械选型不经济，负载率过高则会增加吊装作业安全风险。

工作建议 4：如果吊装机械的负载率超过 90％，吊装作业时要对安全管控进行升级管理。

工作建议 5：在设定超起配重的数量时，必须依据吊装机械的性能表和曲率图进行核实与数据转换，以防止在吊装过程中因超起配重的加载量过大而导致超起托架无法离地，从而无法完成吊装作业。

30.2　实施案例

在进行其 1600t/a 常减压蒸馏装置的减压塔吊装方案设计时，为了保证吊装作业的安全，对设备的质量、重心等进行了详细计算，并对各项吊装参数进行了精准确定。经过计算，减压塔的本体质量为 1005.8t，附属设施质量为 301.2t，因此总质量达到 1307t。根据重心位置确定主、副吊点初始受力如图 30-1 所示。

减压塔吊装参数见表 30-1。

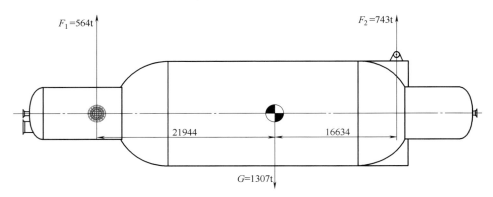

图 30-1　减压塔重心和吊点分布

表 30-1　减压塔吊装参数

装置	某 1600 万 t/a 常减压蒸馏装置		设备名称	减压塔	规格	$\phi7400mm/\phi14000mm/$ $\phi7000mm\times58375mm$
设备本体质量	1005.8t		附属设施质量	301.2t	吊装方法	单机提吊递送法
始吊状态	主起重机			抬尾吊车		
	XGC88000 型 4000t 级履带式起重机			LR11350 型 1350t 级履带式起重机		
	选用工况	102m 主臂＋33m 固定副臂		选用工况		54m 超起主臂
	作业半径	28m		作业半径		16m
	超起半径	33m		超起半径		20m
	超起配重	2500t		超起配重		450t
	额定载荷	1960t		额定载荷		878.6t
	索具质量	226.6t		索具质量		36.2t
	吊装质量	790.6t		吊装质量		779.2t
	负载率	40.3%		负载率		88.7%
就位状态	主起重机					
	XGC88000 型 4000t 级履带式起重机					
	选用工况	102m 主臂＋33m 固定副臂		选用工况		
	作业半径	30m		作业半径		
	超起半径	33m		超起半径		
	超起配重	2500t		超起配重		
	额定载荷	1930t		额定载荷		
	索具质量	226.6t		索具质量		
	吊装质量	1533.3t		吊装质量		
	负载率	79.5%		负载率		

第31章

吊耳设计的建议与实施案例

31.1 吊耳设计的建议

吊耳既是连接设备与索具的关键构件，也是确保吊装作业安全的核心要素。作为吊装方案设计的重要内容，吊耳形式、几何尺寸和材质等的设计应充分考虑被吊工件的结构特点、质量和索具连接形式等。

工作建议 1：吊耳的结构形式应充分考虑使用的合理性和便利性。

工作建议 2：吊耳设计时，应根据其受力和制造工艺要求，在充分考虑制造经济性和使用安全性的基础上合理选择材质。吊盖式吊耳制造常用的材质有 Q345R、16Mn、35CrMo等。受切削、去杂质等制作工艺的影响，吊盖式吊耳制造的材料利用率较低，按质量计算从钢锭到成品约为 30%。因此，选择不同材质的吊盖式吊耳成本会存在显著差异。

此外，吊盖式吊耳锻造毛坯成型后需进行调质热处理，以改善锻件的内部组织结构和性能表现，从而提高其综合性能和使用寿命，确保达到预期的机械和物理性能。若吊盖式吊耳的吊耳板和法兰板厚度大于材料本身的淬透性，建议根据不同材料的淬透性特点合理选择材质。常用钢锻件材料常温状态的力学性能见表 31-1。

表 31-1 常用钢锻件材料常温状态的力学性能

序号	牌号	使用状态	公称厚度 /mm	极限强度 R_m/MPa	屈服强度 R_{eL}/MPa	许用强度 $[\sigma]$/MPa	备注
1	16Mn	正火、正火＋回火、调质	≤100	480	305	178	
			>100～200	470	295	174	
			>200～300	450	275	167	
2	Q345R	热轧、正火轧制、正火、正火＋回火	>60～100	490	305	181	
			>100～150	480	285	178	
			>150～250	470	265	174	
3	35CrMo	调质	≤300	620	440	230	
			>300～500	610	430	226	

吊盖式吊耳锻造工艺流程见图 31-1。

工作建议 3：吊耳的标高设计应充分考虑索具的形式、长度，被吊工件的结构与质量，以及主吊机械和抬尾机械的受力分配等。

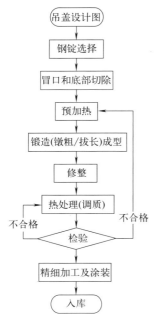

图 31-1　吊盖式吊耳锻造工艺流程

流程图文字（从上到下）：
吊盖设计图 → 钢锭选择 → 冒口和底部切除 → 预加热 → 锻造(镦粗/拔长)成型 → 修整 → 热处理(调质) → 检验 → 精细加工及涂装 → 入库

检验环节左右标注：不合格　不合格

工作建议 4：吊耳的方位设计应充分考虑设备的梯子平台、附塔管线等附属设施之间的空间关系。

工作建议 5：吊耳的规格应根据被吊工件的壁厚和受力情况适当调整。如大型塔器设备在进行管轴式吊耳设计时，可以通过加大吊耳管轴的直径与壁厚、补强圈的直径与板厚降低吊耳处设备本体的局部集中应力，从而增强设备本体结构的稳定性和安全性。

工作建议 6：设计吊盖式吊耳时，应同时考虑吊盖式吊耳与设备紧固螺栓的配置。原则上，大型反应器吊装用螺栓的使用次数以两次为最佳，不宜超过三次。

工作建议 7：如果采用液压拉伸器进行螺栓预紧，螺栓的设计长度需要与液压拉伸器的结构相匹配。为了操作便利、高效，预紧前，螺母外侧宜露出一个螺栓直径的长度。

工作建议 8：吊盖式吊耳的尺寸设计必须兼顾设备法兰的厚度、吊盖式吊耳紧固螺栓的长度以及与吊盖式吊耳连接的卸扣或拉板的匹配性。

工作建议 9：超高型火炬塔架吊装时，可以采用内插型板式吊耳，也可以采用吊盖式吊耳。考虑到吊装索具摘除时工作的安全与高效，建议优先采用内插型板式吊耳。

工作建议 10：考虑到尽量减少抬尾吊耳的型号，以及减少对吊装工件本体的加固，节约施工成本，建议抬尾吊耳优先设置在被吊工件裙座基础环板和盖板之间，通过设备自身的结构增强吊装过程中的抗变形能力。

31.2　实施案例

案例一：某 2000 万 t/a 炼化一体化项目（一期）260 万 t/a 连续重整装置的重整混合进料换热器直径 4.09m、高 24.418m、质量 284.7t，本体顶部有 3 个法兰。在进行吊耳设计时，根据其结构特征，利用本体顶部两个对称布置的法兰，对应设计了两个异形吊盖式吊耳，见图 31-2。

案例二：某 1600 万 t/a 炼化一体化项目大型设备吊装二标段中，有 23 台（包括两台反应器）需要 ZCC3200NP 型 3200t 级履带式起重机吊装。为了提高 ZCC3200NP 型 3200t 级履带式起重机的使用效率，在进行这两台反应器的吊耳设计时，成套设计了管轴式拉板，见图 31-3。这样待设备就位后可以通过"脱绳法"快速摘钩并转移吊车。

案例三：某 1600 万 t/a 炼化一体化项目煤气化装置的甲醇洗涤塔直径 4.7m、高度 112.15m、本体质量 1100t，采用 XGC88000 型 4000t 级履带式起重机主吊、LR11350 型 1350t 级履带式起重机抬尾。由于设备直径小、高度高、长细比大（23.9），按照常规的吊耳设置思路，如果将抬尾吊耳设置在塔器底部基础环板处时，在吊装初始状态下，甲醇洗涤塔中部受到的弯矩较大。

图 31-2　重整换热器异形吊盖式吊耳设计　　　　图 31-3　反应器异形吊盖式吊耳设计

为了防止吊装过程中对甲醇洗涤塔本体及已经完成的保冷结构等造成损坏，在设计吊耳时进行了方案的优化，尽可能降低主吊耳的位置，同时尽量提高抬尾吊耳的位置。提高抬尾吊耳的高度将增加设备翻转垂直后摘除抬尾索具的难度。为了解决这一问题，在设计抬尾吊耳时，创造性地将常规的板式吊耳优化为了"板轴式"吊耳，见图 31-4。这样既减小了吊装作业对甲醇洗涤塔本体质量和安全的影响，又方便了抬尾索具的摘除。

图 31-4　甲醇洗涤塔"板轴式"抬尾吊耳

案例四：某 2000 万 t/a 炼化一体化项目（一期）有 49 台反应器需要采用吊盖式吊进行吊装，吊装质量为 250～3188t，连接吊盖式吊耳的顶部法兰尺寸有 1040～1920mm 等 11 个规格，起重机有 1000t 级、2000t 级、4000t 级和 4500t 级等 4 种型号。为了节约吊盖式吊耳的制造费用，根据反应器的质量、顶部法兰的尺寸和吊装机械的连接结构对吊盖式吊耳设计进行了优化整合，最终按照"法兰规格相同、吊具连接合适、以大代小"的思路设计了 21 个不同规格和吊装等级的吊盖式吊耳。同时，考虑到吊盖式吊耳的制造工艺，为了保证吊盖式吊耳使用的安全性，对吊盖式吊耳的材质选择确定了两条要求：

① 受力大于等于 800t 或吊盖式吊耳的法兰板与吊耳板厚度大于等于 300mm 时，优先选择 35CrMo 材质；

② 受力小于 800t 或吊盖式吊耳的法兰板与吊耳板厚度小于 300mm 时,优先选择 16Mn 材质。

图 31-5 某煤气化装置硫化氢浓缩塔吊装

案例五: 某 1600 万 t/a 炼化一体化项目煤气化装置的硫化氢浓缩塔直径 3.9m、高度 96.8m、本体质量 380t,采用 CC8800-1 型 1600t 级履带式起重机主吊、LR1400/2 型 400t 级履带式起重机抬尾。在进行吊耳设计时,充分考虑了梯子平台、附塔管线等附属设施的空间关系,最终将主吊耳设计在与附塔管线垂直的方位,并将抬尾吊耳设置在与附塔管线相同的方位,设备运输摆放时将附塔管线朝向正上方。某煤气化装置硫化氢浓缩塔吊装见图 31-5。

案例六: 某 300 万 t/a 浆态床反应器直径 5.5m、高 67.5m、吊装质量 3188t,采用 XGC88000 型 4000t 级履带式起重机吊装。起重机与反应器之间通过 1 套拉板和 1 个 3200t 级吊盖式吊耳进行连接,见图 31-6。

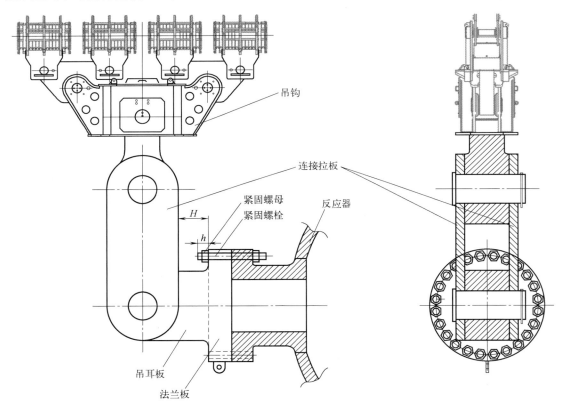

图 31-6 浆态床反应器吊盖式吊耳连接形式

吊盖式吊耳的法兰板直径 1932mm、厚 400mm,设置 24 个直径 125mm 的螺栓孔均匀布置在直径 1722mm 的圆周上;吊耳板宽 1200mm、厚 750mm、高 1400mm,设置 1 个直径 500mm 的轴孔，见图 31-7。

连接拉板的规格：长 3.2m，宽 1.2m，厚 320mm，配合 1 对销轴使用。销轴的规格：直径 495mm，长 1610mm。

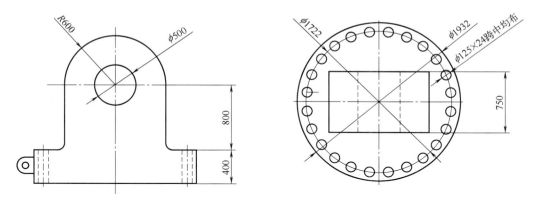

图 31-7　吊盖式吊耳设计

吊盖式吊耳与反应器之间通过 24 条 M120×3 的全螺纹螺栓连接，螺栓长度为 1150mm，配备 48 个 M120×3 的 100mm 厚螺母，见图 31-8。为了保证紧固螺栓能够顺利安装和拆卸，液压拉伸器的拉伸头和螺栓之间应有足

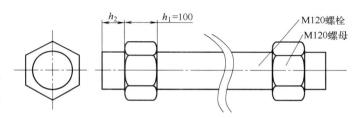

图 31-8　浆态床反应器吊装时的螺栓螺母配合

够的螺纹啮合长度 h_2。根据液压拉伸器的使用说明书，螺纹啮合长度 h_2 宜为 1 个螺栓直径。

为了保证反应器吊装过程中拉板与螺栓之间有足够的空间，在设计吊盖式吊耳的尺寸时，应充分考虑拉板的结构与螺栓的长度及安装位置。在吊装初始状态下，拉板外边缘与吊盖式吊耳法兰板之间的距离 H 应大于螺杆端头与吊盖式吊耳法兰板之间的距离 h，见图 31-9。原则上，H 与 h 之间应有不少于 50mm 的距离。

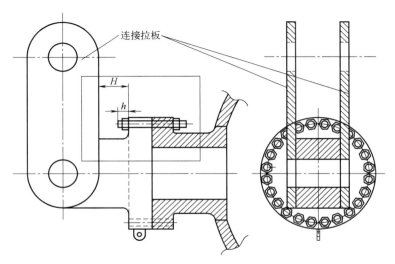

图 31-9　连接拉板与紧固螺栓的位置

第32章

设备交付形式的建议与实施案例

32.1 设备交付形式的建议

设备的交付形式通常包括整体交货、分段交货以及分片散装交货等类型。选择何种交付形式，受到采购模式、运输条件、现场安装环境、吊装资源配置以及设备结构稳定性等多种因素的制约。

① 整体交货适用于运输条件较好、体积小、整体正火处理的塔器与反应器等设备。整体交货具有质量保障优势，设备制造厂拥有更为专业的机械设备以及先进的工艺技术，可切实保障设备的制造质量，尤其是在焊接质量和内件安装质量等方面表现卓越。从安装效率来看，整体交货优势显著，整体交货后，设备安装周期相对较短，同时能减少非必要的高空作业，仅需将设备整体吊装至基础上即可完成安装工作。

② 分段交货适用于运输条件受限或因安装需要而分段的大型设备。分段设备交付后可根据具体情况卧式组装后整体安装，也可以分段吊装、空中组对。

③ 分片散装交货适用于超大直径的塔器以及炉子等，即将其筒体、封头、裙座、构件等以分片的形式交货，现场根据装配图进行组装。

工作建议 1：在现代化工程建设项目中，为有效提高建设效率以及机械化程度，原则上应优先采用整体交货方式。

工作建议 2：若因实际情况受限，可以考虑分段交货和分片散装交货，做到"宜整则整、宜分则分、整分结合、合理统筹"。

32.2 实施案例

某炼化一体化项目有大型设备 226 台，在确定设备交付形式时，考虑到项目建设外围条件的变化和设备结构特点，多数采用整体交货方式，而催化裂解装置（DCC）和催化裂化装置（FCC）中的再生器和反应沉降器以及后启动装置的洗涤塔等 13 台设备采取了分段交货方式，做到了"整体优先、宜整则整、宜分则分、分整结合"。尤其是 EO/EG 装置的精制塔受安装环境的影响，及时调整采购策略将最初规划的整体交货变更为了分段交货，保证了整个施工组织的高效进行。具体情况如下：

① 概况信息：EO 精制塔尺寸 $\phi5400mm/\phi2700mm \times 87600mm$，质量约 300t。该塔四周有 60m 高的框架，下部 24.7m 高的框架为混凝土结构，上部 35.3m 高的框架为钢结构。框架 EL6.000m 和 EL8.000m 层混凝土圈梁内圆直径 3560mm，小于设备裙座的最大直径 5400mm；框架 EL14.000m、EL16.000m 和 EL22.000m 混凝土圈梁内圆直径 3200mm，同样小于设备裙座的最大直径 5400mm。设备和框架平面布置见图 32-1，设备和框架立面见图 32-2。

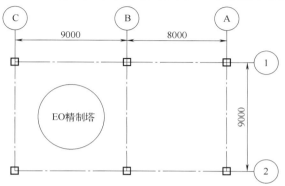

图 32-1 EO 精制塔及框架平面布置

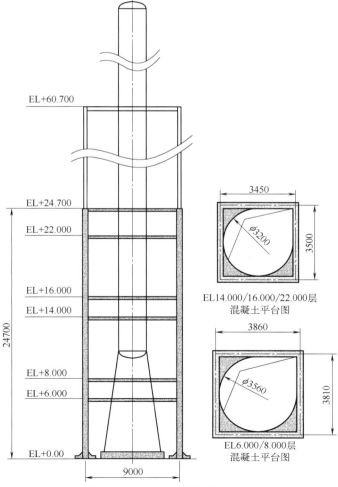

图 32-2 EO 精制塔及框架立面

由于混凝土框架的圈梁直径小于设备裙座的最大直径，如果先进行混凝土框架施工将导致设备无法正常安装，设计院给出的方案是 EO 精制塔及附属设施吊装完成后再组织框架施工。这个方案可以保证设备整体交货、整体吊装，但是现场施工的工期要延长，而且不利于吊装机械的整体安排，会增加施工成本。

② 优化方案：为了保证设备顺利安装、施工进度、节约成本，对 EO 精制塔的交付形式和框架施工方案进行了优化。

首先，将 EO 精制塔分 4 段交货，裙座分 2 段交货，先进行安装。然后，进行 24.7m 高的混凝土框架施工；最后，将 EO 精制塔上部分为 2 段交货，待混凝土框架施工、养护完成后，与上部钢结构框架（分段预制、模块化吊装）集中交叉安装。EO 精制塔分段情况见图 32-3，EO 精制塔及框架施工组织程序见图 32-4。

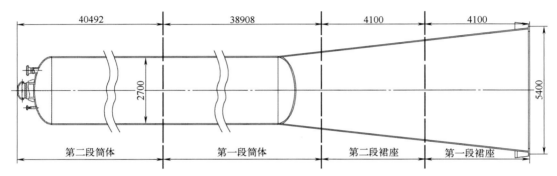

图 32-3　EO 精制塔分段位置

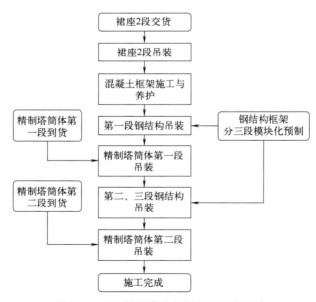

图 32-4　EO 精制塔及框架施工组织程序

③ 实施效果：通过优化 EO 精制塔交付形式和框架的施工组织方案，合理调整施工工序，EO 精制塔及框架施工整体进度提前约 3 个月，促进了装置高效建设。

精制塔裙座分段交货吊装、混凝土框架基础施工、精制塔下段吊装、精制塔框架吊装、精制塔上段吊段见图 32-5～图 32-9。

图 32-5　精制塔裙座分段交货吊装

图 32-6　混凝土框架基础施工

图 32-7　精制塔下段吊装

图 32-8　精制塔框架吊装

图 32-9　精制塔上段吊装

第**33**章

设备防变形加固的建议
与实施案例

33.1 设备防变形加固的建议

　　为了防止设备在运输和吊装的过程中由于外力作用而产生形变或者损坏，从而确保设备的安全性，必须采取相应的加固措施。

　　工作建议 1：对于直径较大、塔壁较薄、质量较重的塔器设备，应在主吊耳和抬尾吊耳位置设置内部加固支撑，以防止设备在吊装过程中因受力过大而发生形变。必要时，应在主吊耳位置对塔器进行补强，以防止吊装过程中因局部应力过大而造成塔壁内部结构受损。

　　工作建议 2：分段设备运输时，应充分考虑运输安全性和防止设备变形，宜在距离断口500mm 的位置设置加固支撑。

　　工作建议 3：设备运输吊装常见的加固形式有"一"字形加固支撑、"十"字形加固支撑、"井"字形加固支撑、"三角形"加固支撑、"四边形"加固支撑等，见图 33-1。在设计加固形式时，应充分考虑设备质量和规格以及可能存在的形变风险。

(a)　　　　　　　　　　　　　　　　　(b)

(c)

(d)

(e)

(f)

(g)

图 33-1 设备运输吊装常见加固形式

工作建议 4：常规加固支撑材料有无缝钢管、H 型钢和槽钢、工字钢等。加固支撑材料应与设备母材材质相同或使用相同材质的焊材。

33.2 实施案例

某 2000 万 t/a 炼化一体化项目（一期）400 万 t/a DCC 装置的再生器直径 21m、高 66.582m、总质量 2930t，共分 4 段制造。制造完成后，海运至项目现场分段吊装。其分段位置见图 33-2。

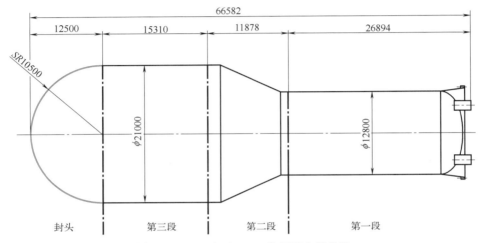

图 33-2　400 万 t/a DCC 装置再生器分段

为防止设备运输和吊装过程中形变，保证运输和吊装作业安全顺利进行对每段筒体的下部采用了"井"字形加固支撑，顶部采用了"十"字形加固支撑（对应吊耳处），封头底部采用了"井"字形加固支撑。

再生器筒体加固见图 33-3，封头运输见图 33-4。

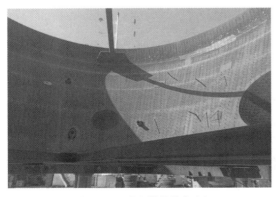

图 33-3　再生器筒体加固

图 33-4　再生器封头运输

第**34**章
设备交付计划的建议
与实施案例

34.1 设备交付计划的建议

在大规模的集群式工程项目中，需要吊装的设备往往数量庞大、分布广泛、涉及多家制造商，且影响设备交付的因素众多。若缺乏一个科学且合理的设备交付计划，无法将设计、采购、制造、运输以及现场安装准备和吊装资源配置等关键环节有效地串联协同起来，确保各单位和部门目标统一、行动协调，那么设备交付的延迟和无序风险将不可避免。这两种风险均会导致项目效率下降和成本上升，最终可能使项目失败。

影响设备制造交付的主要因素包括但不限于下列内容：

① 采购合同签订及时性；

② 设计图纸匹配度；

③ 建设单位资金支付是否及时；

④ 设备制造所需原材料的市场价格波动；

⑤ 设备零部件供应商供货的协同性；

⑥ 制造厂生产任务的饱和度、总体生产计划、工位数量、施工机械配置、劳动力配置；

⑦ 建设单位对设备制造进度与设备交付的管控能力。

工作建议 1：在设计吊装方案时，应根据建设单位的项目建设计划和吊装机械的资源配置计划对合同约定的设备交付计划进行科学策划，然后主动与设备制造单位协商，对设备的制造顺序、交付批次和交付时间达成共识，形成设备可交付计划。

工作建议 2：在项目准备阶段，密切关注设备设计出图、零配件供应和制造进度，以及存在的问题及解决方案等相关信息，并做出积极努力，推动设备可交付计划的实现。

34.2 实施案例

某 2000 万 t/a 炼化一体化项目（一期）建设时，为了提升 226 台净质量在 200t 以上的大型设备吊装的有序性和高效性，将 226 台大型设备划分为 28 台核心设备、21 台协同设备、177 台一般设备（图 34-1），对其制造、交付和吊装组织进行了分级管理，具体步骤如下：

第一步，通过吊装参数的"单台精准设计"，从 226 台大型设备中确定了 28 台需要 3000t 级以上吊装机械吊装的核心设备。

第二步，依据各个装置中设备的平面布置，从空间位置上梳理了在 28 台核心设备周边且具有与其同步吊装可能的 21 台协同设备。

第三步，依据吊装作业点位分布，将同一作业点位的核心设备与协同设备确定为同一交付批次，共计形成了 28 个需要重点推动的设备交付批次。

第四步，依据项目建立总体计划和合同约定的设备交付时间，确定了各个装置中吊装点位作业的先后顺序。

第五步，依据各吊装点位作业的先后顺序以及设备吊装作业和吊装机械转场的时间估值，确定了每个批次设备的期望交付时间和吊装计划。

第六步，依据期望的设备交付时间与制造厂沟通，落实存在的问题与解决方案，确定每台设备的可交付时间。

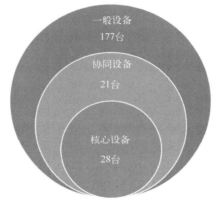

图 34-1　核心设备、协同设备与一般设备分级管理

最终通过"核心设备，优先制造、重点催交、优先吊装；协同设备，同步制造、平行催交、同步吊装；一般设备，全面推进、科学统筹、适时吊装"的制造、催交和吊装组织策略的应用，促进了采购、制造、运输、吊装和安装各环节的协同，保障了设备交货的有序性，提高了大型吊装机械的使用效率，降低了项目费用成本，创造了 4500t 级履带式起重机 80 天吊装 17 台反应器，完成产能 19000t，且节约了 1 台 2000t 级履带式起重机进场，4000t 级履带式起重机 75 天吊装 3 套装置的 8 台大型设备，完成产能 8800t，4000t 级履带式起重机 68 天吊装 2 套 150 万 t/a 乙烯装置的 6 台大型设备，完成产能 8200t，3200t 级履带式起重机 25 天吊装 5 台大型设备，完成产能 4000t 等的良好业绩。

第**35**章

吊装机械资源配置的建议
与实施案例

35.1 吊装机械资源配置的建议

吊装机械资源配置的型号是否科学、性能是否稳定可靠、数量是否合理、进场时间是否与设备交付计划匹配，是项目管理的重要工作，直接决定吊装管理的成败。

工作建议1：在型号上，应做到级配科学，确保满足项目施工需要。

工作建议2：在性能上，应保证安全可靠，确保投入使用的吊装机械始终处于最佳状态，保证吊装作业的安全。

工作建议3：在数量上，应做到不多、不少，确保项目吊装机械的利用率，节约项目成本。

工作建议4：在时间上，应做到不早、不晚，确保项目高效建设。

工作建议5：在项目建设期，要加强对吊装机械的维护保养管理，通过定期的结构性检查和不定期的非结构性检查及时发现并消除吊装作业的重大安全隐患。

35.2 实施案例

案例一：某2000万t/a炼化一体化项目（一期）有净质量大于等于200t的大型设备226台，为了保证吊装作业高效、有序、节约，在进行总体方案设计时，规划了液压提（顶）升门架2套、4500t级履带式起重机1台、4000t级履带式起重机3台、3200t级履带式起重机2台、2000t级履带式起重机3台、1600t级履带式起重机1台、1250t级履带式起重机2台、1000t级履带式起重机1台等。1000t级以上的吊装机械主吊任务分布见图35-1。

案例二：某2000万t/a炼化一体化项目（一期）大型设备吊装实施期间，为了从源头上保证吊装作业安全，杜绝吊装机械事故发生，制定了《大型起重机械管理细则》，从吊装机械进场审查和作业过程检查两个环节加强管理，一是坚决杜绝带"病"车辆进场，二是及时发现受损车辆，并进行修理或退场处理。

吊装机械检查时发现的起重臂杆缺陷见图35-2。

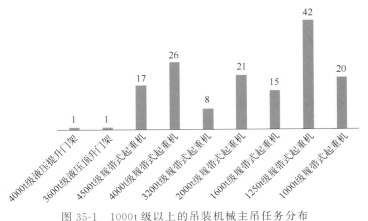

图 35-1　1000t 级以上的吊装机械主吊任务分布

图 35-2　吊装机械检查时发现的起重臂杆缺陷

第**36**章
吊装场地规划及预留的建议与实施案例

36.1　吊装场地规划及预留的建议

　　吊装作业对场地的空间需求较大，尤其是大型设备的吊装作业，设备结构尺寸大、需要的吊装机械吨级高，无论是吊装机械的组装、站位和作业行走，还是设备交货后的运输与摆放都需要占用大量的空间。为了保证吊装作业安全、顺利，经常要对吊装影响区域内的地下管道、电缆、井室，地上其他设备基础、设备安装以及构（建）筑物进行预留。在大型设备吊装作业完成前，这些区域内的其他专业施工基本处于停滞状态，在施工组织上，存在"对立与统一"的关系。

　　为了大型设备吊装作业安全顺利进行，也为了降低吊装作业对其他专业施工造成的影响，在进行吊装方案设计时，应对吊装场地进行科学合理的规划，做到精准预留。

　　工作建议 1：早启动、早规划。凡事预则立，不预则废，吊装作业场地规划宜尽早开展，做到先谋后动，谋定而动，知止而有得。

　　工作建议 2：全面统筹、科学规划。在规划吊装布局时，既要站在吊装作业的局部视角看待问题，更要站在整体项目建设的角度进行综合统筹，兼顾整体与局部的关系。吊装机械的站位、行走路线和设备摆放位置应科学合理。

　　① 设备摆放和吊装机械站位应尽量靠近安装位置，以避免或减少吊装作业过程中吊装机械带载行走；

　　② 应避免或尽量减少预留，尤其是工序复杂、施工周期长的系统性管廊、大型钢结构框架、混凝土构筑物等。

　　工作建议 3：及时组织工作交底，确保吊装场地规划与预留方案得到各方认同，并组织吊装单位、施工总承包单位及监理单位签署责任书，明确各自的职责。

　　工作建议 4：开展经常性巡视工作，如果发现异常，应及时采取措施进行纠正，确保吊装场地规划与预留方案得到执行。

　　工作建议 5：持续优化，及时释放。根据设备交付情况和现场条件的变化，对吊装场地规划与预留方案进行持续优化，及时释放。

36.2 实施案例

案例一：某 1600 万 t/a 炼化一体化项目有净质量大于等于 200t 的大型设备 184 台，总质量约 9.7 万 t，投入 200t 级以上的大型吊装机械 23 台。项目整体用地规划面积小，各装置总平面布局紧凑，通过提前科学规划，及时提出吊装预留区域，协同相关方按照预留方案执行预留区域，最终保证了整个项目大型设备吊装工作安全、有序、顺利完成。

案例二：某炼化一体化项目（一期）有净质量大于等于 200t 的大型设备 226 台，总质量约 12 万 t，投入 500t 级以上大型吊装机械 28 台。鉴于项目各装置开工和投产分批次进行，且厂区外部条件复杂多变，项目团队通过提前科学规划吊装预留区域，组织吊装单位、安装单位、监理单位及业主属地管理单位等相关方召开大型设备吊装预留交底会，并签订大型设备吊装预留区域四方责任书等措施，确保各相关单位对预留方案清晰明了、工作思想高度统一。最终，吊装预留方案得以有效执行，整个项目的大型设备吊装工作实现了安全、有序、高效、规范、创新的总体目标。

大型设备吊装预留区域四方责任书示例见图 36-1。

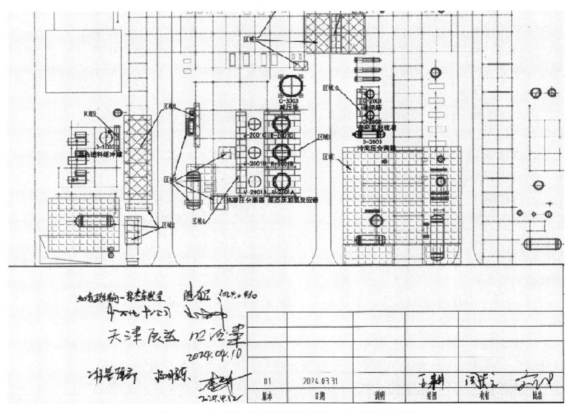

图 36-1 大型设备吊装预留区域四方责任书示例

第**37**章

吊装地基加固处理的建议与实施案例

37.1 吊装地基加固处理的建议

地基不牢固，地动山摇。为了确保吊装作业的安全，首要任务是确保吊装地基的强度和稳定性能够满足作业需求。

工作建议 1： 进行吊装方案设计时，必须对吊装作业现场的地质情况进行踏勘，必要时应查阅有关地质勘探报告和相关设计文件，对地质情况进行充分了解，然后依据地质条件（包括土壤的性质与承载能力、地下水的标高，以及是否存有暗井、管道、电缆沟等地下设施）制定出具有针对性的地基加固措施。常规情况下不同级别起重机械的对地压力及处理深度等见表 37-1。

表 37-1　常规情况下不同级别起重机械的对地压力及处理深度

起重机械等级	对地压力/kPa	处理深度/m	建议选用材料
4500t 级履带式起重机	26~32	2.8~4	毛石(0.8~1m 粒径)与碎石
4000t 级履带式起重机	25~30	2.5~3	毛石(0.8~1m 粒径)与碎石
3000t 级履带式起重机	20~28	2~2.8	毛石(0.6~1m 粒径)与碎石
2000t 级履带式起重机	18~25	1.5~2.3	毛石(0.6~0.8m 粒径)与碎石
1000t 级	15~20	1~1.5	毛石(0.3~0.6m 粒径)与碎石
500~1000t 级	8~15	0.6~1.2	毛石(0.2~0.4m 粒径)与碎石

工作建议 2： 若地下水位较高，地基处理不宜过早开始施工，应根据设备交付计划，合理安排地基加固处理的时间。原则上，地基处理应在设备发货前 15 天左右完成。若地基处理后长时间未使用，在使用前必须重新进行检查和检验，以确保吊装作业安全。

工作建议 3： 根据吊装场地的地质状况，应合理设定地基处理的深度和面积。若吊装场地地下水位较高或存在流塑性沙土、淤泥等，应将地基处理区域向外扩展 6~8m。

工作建议 4： 面对地下水位较高且存在淤泥地质，地基处理时应增设钢塑土工格栅或竹排，以增强地基持力层的稳定性，并且应在吊装作业场地周围设置集水井，以及时进行排水工作。

　　工作建议 5：吊装地基处理区域进行加固施工时，应及时组织测量、定位、放线、动土和基槽验收等工作，重点检查下卧层的扰动情况、地质情况、地下水的充水情况，依据现场实际情况优化吊装地基加固措施。同时，应严格控制回填石料质量，并进行承载力检测。

　　工作建议 6：吊装地基加固处理区域一定要进行整体性处理，以避免吊装作业过程中出现不均匀沉降。

37.2　实施案例

　　某 2000 万 t/a 炼化一体化项目（一期）2×260 万 t/a 渣油加氢处理装置的 10 台反应器进行吊装方案设计时，预计采用 4500t 级履带式起重机主吊 1000t 级履带式起重机抬尾。经过理论计算，4500t 级履带式起重机对地压力 28t/m^2，地基加固处理方案为开挖 3.5m 并分层回填粒径 800～1000mm 的毛石；1000t 级履带式起重机对地压力 18t/m^2，地基加固处理方案为开挖 1.5m 并分层回填粒径 400～600mm 的毛石。

　　在具体实施时，通过对基槽的验收，发现土质情况良好，无地下水，且 4500t 级履带式起重机吊装站位区域内已经有部分混凝土桩完成了施工，这些都是提高吊装地基承载力和稳定性的良性因素。通过综合评判，将 4500t 级履带式起重机的吊装地基开挖深度从 3.5m 优化为 2.9m，同时将 1000t 级履带式起重机的开挖深度从 1.5m 优化为 1m。

　　吊装地基加固处理区域规划见图 37-1，4500t 级履带式起重机吊装区域基槽开挖见图 37-2。

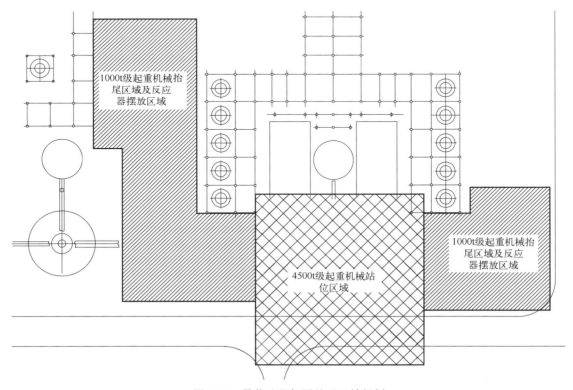

图 37-1　吊装地基加固处理区域规划

图 37-2　4500t 级履带式起重机吊装区域基槽开挖

第38章

吊装作业施工组织的建议与工程案例

38.1 吊装作业施工组织的建议

吊装作业涉及的环节多、参与的单位多、受制约的影响要素多，且安全风险高，因此吊装作业施工组织是一项专业的、复杂的系统性工程。为了保证吊装作业安全、高效、节约，在施工组织时，不仅需要依据吊装方案的实施过程开展安全风险识别和风险管控，同时还要通过规范的管理活动进行过程安全风险的管控。

工作建议 1：加强对相关作业人员知识、技能、经验、工作态度和健康状态等方面的关注，通过人的胜任力保证吊装作业安全。

工作建议 2：加强吊装机械进场、使用、保养、维修管理，吊装装备良好的使用性能保障吊装作业安全。

工作建议 3：加强平衡梁、卸扣、钢丝绳、吊装带等吊装索具进场报验、日常存放与保养、使用前检查等环节的管理，通过吊装索具的质量管控保障吊装作业安全。

工作建议 4：加强吊装方案编制、审批、专家论证管理，通过技术手段保证吊装作业安全。

工作建议 5：加强吊装作业区域内障碍物清理、吊装作业区域警戒管理，关注气象条件，通过良好的作业环境保障吊装作业安全。

工作建议 6：加强吊装地基的检验、吊耳出厂前的检验与现场后的复检、吊装机械首次使用前的试验、吊盖式吊耳螺栓预紧力的抽检等管理，通过规范的检（试）验保障吊装作业安全。

工作建议 7：加强方案签批制度、方案专家论证制度、方案交底制度、桌面演练制度、吊装前联合检查制度、起吊令签署制度、试吊制度贯彻与严格执行，通过开展规范的管理活动及时化解重大安全隐患，保障吊装作业安全。

38.2 实施案例

在某 2000 万 t/a 炼化一体化项目（一期）建设中，大型设备吊装作业管理严格执行方案签批制度、方案专家论证制度、方案交底制度、桌面演练制度、吊装前联合检查制度、起吊令签署制度、试吊制度。针对 226 台大型设备吊装作业，共编制了施工组织总设计 3 份、施工组织设计 18 份、专项吊装方案 135 份、大型吊车安拆方案 42 份，均按程序组织了报审与签批；组织方案交底 188 次，坚持贯彻执行吊装工艺卡制度、桌面演练制度和吊装前联合检查制度等。

组织 260 万 t/a 渣油加氢处理装置的上行式保护反应器首吊时，制定了详细的工作任务清单（表 38-1），在施工过程中逐一落实、逐一确认，保障了吊装作业安全顺利。同时，针对吊装作业的常规风险，又制定了吊装前安全联合检查确认表（表 38-2），对重大安全风险进行严格控制。

表 38-1　上行式保护反应器吊装工作任务清单

序号	工作环节	工作任务	主要控制点	责任人	完成时间
1	项目管理准备	项目管理部成立文件,以及公司对项目部的工作授权文件,并报监理审批			
2	项目管理准备	项目经理任命书,以及项目组织架构			
3	项目管理准备	项目经理、技术负责人（或总工）、安全经理、施工经理、质量经理等主要管理人员的资质和项目履历			
4	项目管理准备	组织项目经理、技术负责人（或总工）、安全经理、施工经历、安全经理等主要管理人员面试			
5	项目管理准备	项目管理制度,以及安全管理体系文件和质量管理体系文件建立			
6	技术文件准备	大型吊装工程 C 标段施工组织总设计编制与报审			
7	技术文件准备	260 万 t/a 渣油加氢处理装置吊装工程施工组织设计编制与报审			
8	技术文件准备	上行式保护反应器吊装作业专项施工方案编制与报审			
9	技术文件准备	吊装地基处理专项施工方案编制与报审			
10	技术文件准备	SCC98000TM 型起重机安拆方案编制与报审			
11	技术文件准备	SCC10000A 型起重机安拆方案编制与报审			
12	技术文件准备	XGC500 型起重机安拆方案编制与报审			
13	技术文件准备	大型吊装作业应急预案编制与报审			
14	技术文件准备	反应器吊装盖式吊耳及紧固螺栓设计文件编制与审核			
15	技术文件准备	反应器吊盖式吊耳螺栓紧固与拆除作业指导书			

序号	工作环节	工作任务	主要控制点	责任人	完成时间
16	技术文件准备	上行式保护反应器吊装作业专项施工方案专家论证			
17	技术文件准备	反应器吊装地基检测作业专项施工方案			
18	技术文件准备	反应器吊装工艺卡编制			
19	开工资料报审	承包商单位资质			
20	开工资料报审	吊装地基第三方检测单位资质及主要管理人员资质			
21	开工资料报审	吊装地基处理专业分包合同备案情况、分包单位资质和主要管理人员资质			
22	开工资料报审	4500t级履带式起重机机组人员资质	特种设备作业人员证 Q2;简历		
23	开工资料报审	1000t级履带式起重机机组人员资质	特种设备作业人员证 Q2;简历		
24	开工资料报审	起重工、电工、架子工等特种作业人员资质	特种作业人员证 Q1;简历		
25	开工资料报审	4500t级履带式起重机的产品合格证、起重机械定期检验报告、起重机械商业保险、特种设备使用登记、起重机械自检记录	反应器主吊		
26	开工资料报审	1000t级履带式起重机的产品合格证、起重机械定期检验报告、起重机械商业保险、特种设备使用登记、起重机械自检记录	反应器抬尾		
27	开工资料报审	500t级履带式起重机、280t级履带式起重机的产品合格证、起重机械定期检验报告,起重机械商业保险,特种设备使用登记,起重机械自检记录	主要用于组装4500t级和1000t级履带式起重机		
28	开工资料报审	260t级履带式起重机的产品合格证、起重机械定期检验报告、起重机械商业保险、特种设备使用登记、起重机械自检记录	主要用于组装500t级、4500t级和1000t级履带式起重机,吊卸路基箱和超期配重		
29	开工资料报审	钢丝绳产品合格证、力学检测报告			
30	开工资料报审	吊装带产品合格证、力学检测报告			
31	开工资料报审	卸扣产品合格证、力学检测报告			
32	开工资料报审	开工报审表签字			
33	施工准备	与作业区域内其他施工单位签订《交叉作业安全管理协议》,明确各方安全责任			

序号	工作环节	工作任务	主要控制点	责任人	完成时间
34	施工准备	260 万 t/a 渣油加氢处理装置大型设备吊装施工计划编制与报审	包含地基处理、吊车进场组装和吊装作业等		
35	施工准备	技术、质量、安全等管理人员及作业人员入场培训及考试,并取得进厂证	提供劳动合同(或社保缴纳证明)、健康体检证明、人员意外伤害保险		
36	施工准备	吊装地基加固处理专项施工方案交底			
37	施工准备	吊装地基加固区域定位放线、基槽开挖与验收、分层回填与压实、换填石料质量检查等施工记录	提供原始记录及影像资料		
38	施工准备	吊装地基加固区域地基承载力和稳定性检测报告			
39	施工准备	卸扣、钢丝绳、吊装带等吊装索具进场,并填写质量检查记录			
40	施工准备	QUY260 型 260t 级起重机进场组装与使用前检验			
41	施工准备	XGC500 型 500t 级起重机进场组装与使用前检验			
42	施工准备	SCC10000A 型 1000t 级起重机进场组装与使用前检验			
43	施工准备	SCC98000TM 型 4500t 级起重机进场组装与使用前检验			
44	施工组织	1. 进行设备运输路线踏勘与清障 2. 对设备卸车摆放位置进行测量与定位 3. 进行设备卸车摆放时所需钢板与支墩准备 4. 组织设备运输与卸车			
45	施工组织	组织吊盖式吊耳安装和吊耳复检等高空作业平台的搭设			
46	施工组织	反应器进场后组织吊耳复检,包括吊耳的外观检查、尺寸复核、材质检查和无损检测,重点对焊缝的饱和度、补强圈的焊接质量以及吊耳的母材等进行检查			
47	施工组织	吊耳安装与验收,填写螺栓预紧记录			
48	施工组织	吊装索具系挂			

序号	工作环节	工作任务	主要控制点	责任人	完成时间
49	施工组织	组织吊装前桌面演练,作业人员对作业过程进行复述,监护人员对过程可能存在的风险及应急响应程序等进行说明,安全管理人员和项目领导进行补充并强调安全事项			
50	施工组织	吊装作业区域警戒,无关人员清理			
51	施工组织	开展吊装前联合检查,对安全措施落实情况进行检查确认,填写大型设备吊装作业前联合检查记录表			
52	施工组织	签署起吊令			
53	施工组织	进行反应器吊装试吊			
54	施工组织	进行正式吊装作业			
55	施工组织	设备摘钩条件确认,签发大型设备吊装作业完工验收单			
56	施工组织	组织摘钩,吊装作业结束			

表 38-2　上行式保护反应器吊装前安全联合检查确认表

DZGC-B5		大型设备吊装前安全联合检查确认表		某 2000 万 t/a 炼化一体化项目 (一期)大型设备吊装工程 C 标段	
装置名称	260 万 t/a 渣油加氢处理装置		设备名称		
设备位号			设备规格/mm		
设备总重量/t			吊装重量/t		
主吊车型号及工况			副吊车型号及工况		
吊装单位			监理单位		

序号	检查事项	检查内容	责任单位/部门	检查人	检查时间
1	开工资料	1. 检查吊装单位企业资质、组织架构、项目管理人员配置、质量管理体系、安全管理体系、特种作业人员持证、开工报告等开工资料,确保吊装作业合法 2. 检查吊装单位机械、吊索具进场报验及使用许可等资料,确保吊装作业合规			
2	施工方案	3. 检查吊装地基加固处理方案、吊装地基检验方案、大型吊车安拆方案、吊装作业专项施工方案、应急预案等审批与备案情况,确保各项作业有章可循			
3	吊装场地	4. 检查吊装布局图、吊装场地处理区域图、吊装场地处理委托单、地基验槽记录、地基回填质量控制记录、吊装地基检验报告			
4	吊车	5. 检查主副吊车使用许可证、吊车车况、司机姓名与驾龄			
5	吊装索具	6. 检查吊装带、钢丝绳、平衡梁、卸扣与吊装方案符合情况 7. 检查吊装带、钢丝绳、平衡梁、卸扣外观质量是否符合规范要求			

序号	检查事项	检查内容	责任单位/部门	检查人	检查时间
6	吊耳	8. 检查吊耳材质、焊接检验报告等出厂资料 9. 检查吊耳位置和规格尺寸复测记录 10. 检查吊耳复检委托书和复检报告			
7	吊装工艺卡	11. 检查吊车工况、吊车站位、吊装步骤、吊装参数等			
8	方案交底	12. 检查吊装地基处理方案、大型吊车安拆交底记录、吊装作业专项施工方案交底记录等 13. 抽查吊装指挥、起重工、主副吊车司机对交底内容的掌握情况			
9	安全交底	14. 检查吊装指挥、起重工、主副吊车司机和作业监护人员对各自在吊装作业过程中的工作职责是否清晰,对吊装作业过程中可能存在的安全风险是否识别到位,对重大安全风险发生时的应急响应程序是否明确			
10	作业条件确认	15. 检查设备的穿衣戴帽完成情况、工具及余料清理情况、吊装作业环境、作业区域警戒、无关人员清理、安全监护点位设置及监护人配备、气象条件等			